华章 IT

HZBOOKS | Information Technology

U0317275

大数

技术丛书

Practical Guide of Python Data Science

Python数据科学实践指南

纪路◎著

机械工业出版社
China Machine Press

图书在版编目（CIP）数据

Python数据科学实践指南 / 纪路著 . —北京：机械工业出版社，2017.4
（大数据技术丛书）

ISBN 978-7-111-56652-6

I. P… II. 纪… III. 软件工具－程序设计－指南 IV. TP311.561-62

中国版本图书馆CIP数据核字（2017）第088819号

Python 数据科学实践指南

出版发行：机械工业出版社（北京市西城区百万庄大街22号 邮政编码：100037）

责任编辑：陈佳媛　　　　　　　　　　　　　　责任校对：殷　虹

印　　刷：北京市荣盛彩色印刷有限公司　　　　版　　次：2017年5月第1版第1次印刷

开　　本：186mm×240mm　1/16　　　　　　印　　张：15.75

书　　号：ISBN 978-7-111-56652-6　　　　　　定　　价：59.00元

凡购本书，如有缺页、倒页、脱页，由本社发行部调换

客服热线：（010）88379426　88361066　　　　投稿热线：（010）88379604

购书热线：（010）68326294　88379649　68995259　　读者信箱：hzit@hzbook.com

版权所有·侵权必究

封底无防伪标均为盗版

本书法律顾问：北京大成律师事务所　韩光 / 邹晓东

为什么要写这本书

我接触大数据技术的时间算是比较早的，四五年前当大数据这个词火遍互联网的时候，我就已经在实验室里学习编程及算法的知识。那个时候我一心想要做学术，每天阅读大量的英文文献，主要兴趣更多的是在机器人和人工智能上。研究生毕业时我本来想实现早先的愿望，继续攻读博士学位，不过思来想去觉得不应该错过大数据这个机会，所以毅然决定投入大数据行业中。

在工作之初，市面上已经存在一些介绍大数据相关技术的权威著作，其中很多还是很底层的或特定领域的专著。但即使是我这种自诩为"学院派"的人看这些书，头脑也会经常开小差。而大数据相关的技术又特别庞杂，包括计算框架、网络爬虫、机器学习算法、编程语言、数据库、文本分析、数据流水线的架构，甚至还包括前端可视化等众多方面，只有对它们都有涉猎，才能更好地胜任相关的工作。所以我读过很多的相关图书，这确实为我以后的工作打下了坚实的基础，不过随着工作内容的增加，以及新同事的到来，更多的问题相继涌现。首当其冲的就是，并不是每个人都有足够的基础来阅读这些专业著作，而且每个人的情况各不相同，有的是编程基础差，有的是数学基础差，有的是英语基础差，这也导致我的这套学习方法难以推广开来。所以我想写一本关于大数据技术的手册，其目的并不是为读者讲明白所有技术背后的原理，而是告诉读者某项技术可以用于哪些工作中，哪些工作需要哪些工具。

读完这本手册，可以帮助读者建立一个相对完整的大数据生态的概念，其中所讲的每一个工具都值得读者进行更深入的研究（你也可以像我一样，对其中的两三项进行非常深入的研究），也许在研究过程中，你会成为该领域的专家。如果现在正在看这本书的你是一位技术决策者，那么我希望本书的介绍能帮助你下定决心使用其中的某项技术，比如写作全书的 Python 语言就是一门非常好的数据处理语言，它能快速编码，且具有强大的字符串处理能力，拥有大量成熟的大数据类库，这些都使 Python 成为数据科学领域无可争议的 No. 1 语言；或许你的团队可以仅用 Python 编写大规模分布式爬虫程序（虽然本书介绍的是单机的简化版）就能大幅度地提升工作的效率。Scrapy 可能是爬虫领域最有名的框架了，你也可以像我一样实现属于你自己的版本。当然这本书也是一本 Python 入门书，所以读者无须担心阅读门槛，你可以从零基础开始学习，并体验整个学习过程所带来的愉悦。

读者对象

根据工作职责的不同，我为本书划分出了一些可能的读者，具体如下。

❑ 想要了解大数据生态的学生。

❑ 需要快速入门大数据的技术人员。

❑ 需要了解技术细节以做决策的技术管理者。

❑ 希望入门 Python 但不知如何下手的编程爱好者。

如何阅读本书

本书分为三部分，其中第 1 ~ 4 章是 Python 基础，这个部分会介绍阅读本书所必须掌握的 Python 知识，但并不会包含很复杂的编程知识，比如面向对象编程就不是必要的，因为 Python 支持过程式编程，可以直接编写函数，使用这种方式编程更适合教学，因为所有的执行步骤都是线性的，方便逐步讲解。第 5 ~ 7 章讲解的是 Python 直接提供的数据处理工具，这些工具包括一些易用的数据结构、标准库和第三方工具。学习这些工具可以让我们快速地实现某些简单的算法，而不用花费大量的时间"重复造轮子"，Python 处理数据的高效性在此处将体现得淋漓尽致。第 8 ~ 12 章是一些实际的案例，将会涉及 Python 主要擅长的几个领域：统计、爬虫、科学计算、Hadoop&Spark 中的集成、图计算等。最后的三个附录分别介绍了关于 Python 的一些扩展知识，比如如何编写同时兼容 Python 2 和 Python 3 的代码，如何安装完整 Python 开发环境，以及一些常用的 Python 技巧，如处理时间、文件 I/O 等。

勘误和支持

由于笔者的水平有限，编写的时间也很仓促，书中难免会出现一些错误或不准确的地方，恳请读者批评指正。另外本书的部分代码会上传到 Github 上，其网址为：https://github.com/magigo/data_science_tool_book_code。你可以将书中的错误发布在 Issues 中，或者向我提问，我会尽可能地回答你的问题。当然如果是比较好的问题我也希望你能在知乎上邀请我回答，这样就能有更多的人受益于你的问题，我的知乎主页为：https://www.zhihu.com/people/ji-lu-15-70。如果你有更多的宝贵意见，也欢迎你发送邮件至我的邮箱 magi-go@126.com，我很期待能够听到你们的真挚反馈。

致谢

首先要感谢"仁慈的独裁者"吉多·范罗苏姆（Guido van Rossum），他在我出生的那一年（1989 年）发明了 Python 编程语言，不仅为我带来了一份全职的工作，还为我带来了无尽的乐趣。而且我与 Python 似乎真的有着某种缘分，不仅出生年份相同，生肖也相同，不知道吉多是否知道 1989 年正好也是我国的农历蛇年呢。

感谢机械工业出版社华章公司的编辑 Lisa 邀请我写作本书，刚开始时我乐观地估计本书很快就能写作完成。不过就像大多数软件项目一样——它延期了。感谢 Lisa 在百忙中适时地督促我写作，没有她我想这本书与读者见面的时间还会延后。

最后我要特别感谢我的爸爸、妈妈和前女友（你知道我要强调"前"这个字），感谢你们促进了我的身心成长，是你们促使我变得像现在这般强大！

谨以此书，献给我最亲爱的家人，以及众多热爱 Python 的朋友们。

纪　路

中国，北京，2017 年 1 月

目录 *Contents*

第 0 章 *Chapter 0*

发现、出发

最近一年里，知乎社区有不少朋友邀请我回答关于数据挖掘的问题，其中提问最多的是关于"如何改行做数据挖掘"。我想他们之所以邀请我回答这类问题，不是因为我做数据挖掘做得好，而是好奇我是如何改行做数据挖掘的？说来也巧，我本科是学电子的，研究生是学控制的，而我的职业理想是成为一个"先知"，但我并不知道如何才能实现这一职业理想。自公元 632 年人类最后一位先知默罕默德去世之后，将近 1400 年没人做先知了，既没有人可以指导我，也没有可以效仿的对象。2011 年到 2013 年发生了一系列事件，包括 IBM 的沃森在"危险边缘"节目中击败了人类选手、Google Brain 某些成果的展示、美国统计学家 Nate Silver 对于总统大选的预测等，这些事件都有一个共同点，那就是让"数据科学"从学术研究蜕变为实际的应用。这也让我意识到也许我可以做得更好——通过"数据科学"建造一个"先知"，虽然直到现在我还没有实现这个目标，不过我愿意把这一路积累的经验拿出来与大家分享，希望这些东西能够帮助各位读者实现自己的目标，或者找到自己的目标。现在，就让我们出发吧！

0.1 何谓数据科学

在家用计算机普及之前，数学、逻辑学、哲学及自然科学研究的目的都是为了追求完美的理论证明，或者是提供某种确定性的规则，用以解释某种自然现象，或者为某些技术提供理论依据。那个时候人类产生数据的能力和收集数据的能力还很有限，或许公司的经营账目和计算导弹发射弹道的演算纸就属于数据最集中的地方了。在那个年代，这些数据分析和处理的工作大都是由人工完成的，最多也只会借助某些由机械或电子构成的计算装置罢了。在互联网兴起之后，人类将现实世界中的很多信息以数据的形式存储到网络空间中，比如生活中发生的一段故事，或者旅行中家人的照片，这些数据记录了人类的行为和社会的发展，甚至包括了自然环境的变化。当今，大量的、各种各样的数据快速产生，并存储在互联网中，而这些数据自然而然地构成了一个人造的环境，称为数据界（data nature）。通过对数据界中数据的研究，我们不仅可以了解数据本身的种类、状态、属性及变化形式和规律，还能从中洞悉人类的某些行为，了解人类的某些社会属性。并且这些研究方法还能扩展到其他依赖数据的学科中，比如气象科学、地震科学、金融学、基因科学，等等。在可以预见的未来，我相信，不仅在互联网行业中会有数据科学家的身影，在各行各业中，只要与计算机打交道，我们就不得不为已经产生和将要产生的数据做好充分的准备。所以，我认为在这个数字化的时代，不同的专业领域，都需要从大量的数据中寻找到一系列的理论和实践，这就是数据科学。

0.1.1　海量的数据与科学的方法

"如何才能成功？"无数成功学方面的书本和布道者都没法给出一个方程或流程图来向所有人解释这一过程。最多只能根据统计学（或者是臆想）列举出一些可能的必要条件，比如努力、机遇、贵人或仅仅只是运气好。我们能否对人类的行为做一个精确的建模？太难了，比如，不同的人对于成功的定义不同，有的人认为挣钱是成功，有的人认为出名是成功。再比如就算大家都认为成为企业家可以算作某种意义上的成功，但是企业的种类又各有不同，有的人是在电商领域成功的，有的人是在金融行业成功的，他们的成功经历也各不相同。

事实上，关于"成功"的变量我可以列举无数个，但即使穷尽了所有可能的变量，也还会遇到数据缺失的问题——一个人成功之前的数据又该如何准确地记录？这个世界有 60 亿人，如果每个人出生时就携带一个电子记录仪，那么就可以记录这个人生活中发生的所有事情。这有可能么？可能，不仅是可能的，而且我们现在就在做类似的事情，智能手机正源源不断地收集人类的数据并且存储到网络中，我们购物的数据、兴趣的数据、人口统计学的数据等都将用作描述我们每一个人的"数字化身"，这是存在于网络中的我们。并且随着智能硬件、物联网、工业 4.0 的推进，整个现实生活中的人类社会在网络中都会有一份"副本"。为了处理这些数据，并且从中找到对我们有价值的结果，需要更先进的技术与方法，其中将会涉及数据的收集、转换、存储、可视化、分析与解释等内容，这将会是一项非常有价值的课题。

0.1.2　数据科学并不是新概念

在过去的几年中，大数据、人工智能、数据挖掘等词汇被媒体炒得热火朝天，一方面我乐于见到我所从事的工作受到人们的关注，另一方面我也发现越来越多的人开始疑惑。就像本书开篇中所提到的那样，我每天都会收到来自不同工作领域的人（有时候是记者或化工专业的从业者，有时候是程序员或数学系的学生，有时是一些在实际工作中遇到困难的工程师）的提问，有的是希望能澄清一些概念，有的是问如何入门，有的是希望我针对他遇到的麻烦提一些建议。我很乐意帮助他们，顺便抱怨一下某些不负责任的媒体，是它们把大数据吹得天花乱坠，把各种神秘的力量都赋予数据科学，好像数据科学家就是新时代的先知一样，能够预测未来，改变人类的命运。而且媒体给公众传递的信息是这样的：大数据是上个月才出现的，Google 在上周才提出了深度学习方法，一举解决了人工智能难题。我担心在这样冒进的社会氛围下，这些被扭曲的报道掩盖了事实的真相，那些对这个领域感兴趣的人会被吓跑，这颗科学史上的新星会陨落（在我收到过的提问里，甚至有人问：大数据的浪潮是不是过去了，现在学还来得及么？）。如果要追溯数据科学的起源，可以从 1974 年在美国和瑞典同时出版的《计算机方法的简明调查》一书中看到，作者彼得·诺尔对数据科学下过这样的定义"数据科学是处理数据的科学，一旦数据与其所代表的事物的关系被建立起来，就能为其他领域与科学提供借鉴"。

在"大数据"出现以前，统计学家觉得他们所做的就是数据科学，他们会通过分析一些数据来为公司或政府提供一些决策上的帮助。比如，大型上市公司的财报，或者每一次美国大选之前所做的民意调查就属于此类范畴。当然，不能认为互联网时代的数据科学是新瓶装旧酒，经历了这么多年的沉淀和积累，加上广泛的需求，数据科学发展出了一套与之相适应的理论和方法。我也希望能帮助更多的人了解数据科学，促进数据科学的发展。

0.1.3　数据科学是一个系统工程

现代工业界喜欢谈生态和闭环，其实数据科学也要贯穿数据的整个生命周期。下面将数据的生命周期简单地划分为如下几个阶段。

- ❑ 数据采集
- ❑ 数据清洗
- ❑ 数据处理
- ❑ 数据查询与可视化

数据采集 传统的手段主要来自于经营数据和网络爬虫采集的数据。现在还包含一些"数据化"的过程，2013 年一篇题为" The Rise of Big Data"（大数据的崛起）的文章中提到了"数据化"的概念，即数据化是一种流程，可以将生活中的方方面面转化为数据。各种手机上的传感器，智能穿戴等设备采集数据的过程都属于数据化。

数据清洗主要负责处理数据中的噪声或缺失数据。由于填写表单时的疏忽，或者是爬虫程序的故障，再或者是传感器失灵等原因，总是会产生一些我们意料之外的数据，这些数据可能不符合某些格式的要求，或者会缺失部分数据，需要通过数据清洗来剔除或修正这些数据。如果数据量巨大，这就需要我们有处理海量数据的能力。

数据处理可以使用统计学的方法或机器学习的方法从数据中发现我们想要的价值，通常所说的数据挖掘就是在这一步中进行的。之所以这里没有使用"数据挖掘"这个词，是因为有些时候，在某些项目中仅仅使用简单的统计方法就可以得出很有价值的结论，并没有使用数据挖掘的专门技法。而且，与普通人的直觉相反，数据挖掘结果的价值往往是通过与业务的紧密结合才能体现出来的，胡乱套用算法往往得不出任何有价值的东西。比如，通过历史房产中介的销售数据（包括房屋的价格、面积、层数、每层住户数等信息）来为新的楼盘定价、预测目标客户群体就是两个不同任务，前者通常只需要简单统计（实际上我们过去一直就在这么做）即可，而后者可能就要使用分类预测算法了。

数据查询与**数据可视化**这两项是为了将处理过后的数据呈现给需要的人。有的时候是需要索引巨量的数据，比如搜索引擎。有的时候是规律性的结果需要以图表的形式呈现，比如一些信息图（尽管目前大多数信息图都是人工统计的数据），或者在处理之前对大数据集进行探索。

上面列举的几个阶段，每一个都面临着巨大的挑战，虽然工业界有一些解决方案，但离成熟还远得很。并且在面对不同的公司、不同的开发人员、不同的业务需求时，要将这几个阶段有机地整合起来更是难上加难。在其中起到核心作用的人就称为"数据科学家"。

0.2　如何成为数据科学家

读者应该知道这个问题很难回答，失败的原因总是相似的，成功的经历却各有不同。从来没有人靠复制他人的经历就能获得同样的成就，就像"人不能两次踏入同一条河流"的哲学观点一样，没有人可以复制别人的经历，更何谈成就。因此在回答这个问题时，我只假设一些概念上的前提条件：良好的计算机科学基础，较高的英文读写水平，极强的自学能力，还有一些个人品质比如耐心、毅力、乐于分享，等等。不过最重要的还是"兴趣"，我相信能花上几十块钱购买这本书的读者一定是有兴趣的，因为这本书是给那些对数据科学有一些了解，希望学习具体方法的人准备的。所以，即使上面所说的前提条件你一个都不具备，只要有兴趣，那么让我们从现在就开始吧。

我需要数学或计算机科学的学位吗

最好有！如果你恰好是在校大学生，又碰巧学习数学或计算机相关专业（在这个程序员匮乏的年代，所有必修 C 语言的专业都称为"计算机相关专业"），希望你能学习好学校的课程，下面是一份技能清单，如果其中有一些技能没有在你的课程安排里，那么最好是通过选修或自学的方式进行补充。

❑ 一门编程语言

❑ 算法、数据库、操作系统

❑ 概率与统计、线性代数

❑ 英语

对于已经错过了花季、雨季的社会人来讲，如果你并非从事计算机程序开发的相关工作，上述几项技能对你来说可能要求太高了。不过，你还是需要多付出一些努力来补上这些知识，当然是在读过本书之后。得益于互联网的发达，很多教学资源都能够从网上获取，这里也向各位读者推荐一些好的网站。

❑ 编程学习：

https://www.codecademy.com/

https://www.codeschool.com/

这是国外的两家编程学习网站，拥有交互式解释器、美观的讲义，有一些课程还有手把手的视频教程，可能读英文对你来说有点慢，不过这是一个好的开始。

❑ 算法学习：

http://www.brpreiss.com/books/opus7/

这是由布鲁诺·R·普莱斯所著的一系列算法图书的在线版，包括 C++ 版、Java 版、C# 版、Python 版、Ruby 版、Lua 版、Perl 版、PHP 版、Objective-C 版等，你能想到的常用编程语言都有对应的版本，它们中的一部分有过正式引进的中文版，或者有爱好者翻译的版本，当然推荐阅读原版。

另外，本书会带领读者复习一下概率与统计和线性代数的基本概念，以及介绍一些 SQL 方面的知识。最后，不要忘记本书的目的是通过数据科学实战学习 Python 编程。希望读者在读过这本书之后，能有充分的知识来支持后续的学习。

0.3 为什么是 Python

通过书名，各位读者就应该知道这是一本讲解 Python 编程的书了。数据科学只是个引子，我希望能通过相关的例子和练习激发出读者的兴趣，帮助读者除掉编程这条拦路虎。在很多非计算机相关专业的人的概念里，编程是要归为玄学分类的，通过一堆意义不明的符号就能驱动计算机完成各种各样的任务，是不是有点像魔法师口中所念的咒语。但事实上，计算机只能做两件事情，执行计算并记录结果，只不过它的这两项能力远远超过人类大脑的能力（读者可能看过一些文章，其中有些研究声称尝试估算过人类大脑的计算能力，发现人脑的计算能力仍然比现今最先进的计算机还要快很多倍。但是人类大脑中有些模块，比如视觉、语言，是人类经过亿万年的演化，大自然进行极致优化所产生的结果。这里对于计算和存储能力的比较仅是指数学计算和文字存储方面）。以我正在使用的笔记本来说，其拥有主频为 2.5GHz 的双核处理器，总计约等于 50 亿次/秒的计算速度。而 512GB 的硬盘则可以存储 10 万本书（按每本书 5MB 计算，实际上 5MB 大小的书应该算是鸿篇巨著了。假如按 UTF-8 ⊖ 编码，每个中文占 3 ~ 4 个字节（byte），而 5MB 约有 500 万个字节，这至少是一本百万字的书）。如果想要使用计算机这种能力强大的工具，就需要掌握一门编程语言，用来和计算机进行沟通。虽然我也想为各位读者科普一下众多的编程语言，不过这毕竟是一本教授 Python 编程的书，所以这里只通过以下几个方面来阐述一下用 Python 作为数据科学工具的理由。

（1）简单易上手

Python 被誉为可执行的"伪代码"，其语法风格接近人类的语言，即使是第一次看代码的人也能很容易理解程序所要实现的功能，读者可以试着阅读下面这段代码 ⊖：

```
for i in range(0, 10):
    print(i)
```

上面的代码中 range 代表一段区间，0 代表下界，10 代表上界，通常 Python 程序的上下界是左闭右开的一个区间。for 的含义表示"这其中的每一个数"，print 就不言自明了，代表打印结果到屏幕上。

除了优雅的语法之外，Python 还属于解释性语言，我们可以不经过编译、链接等步骤直接获得程序执行的结果。而且 Python 还拥有交互式解释器，可以让我们随时随地测试我

⊖ UTF-8（8-bit Unicode Transformation Format）是一种针对 Unicode 的可变长度字元编码，可以编码世界上大部分语系的字符，也是使用最为普遍的一种编码方式。除了 UTF-8 之外还有专门的中文编码——GBK，日文编码——Shift_JIS 有在使用。

⊖ Python 代码的缩进应该总是 4 个空格，这是保证程序正确性、可读性的前提。

们的代码，如图 0-1 所示。

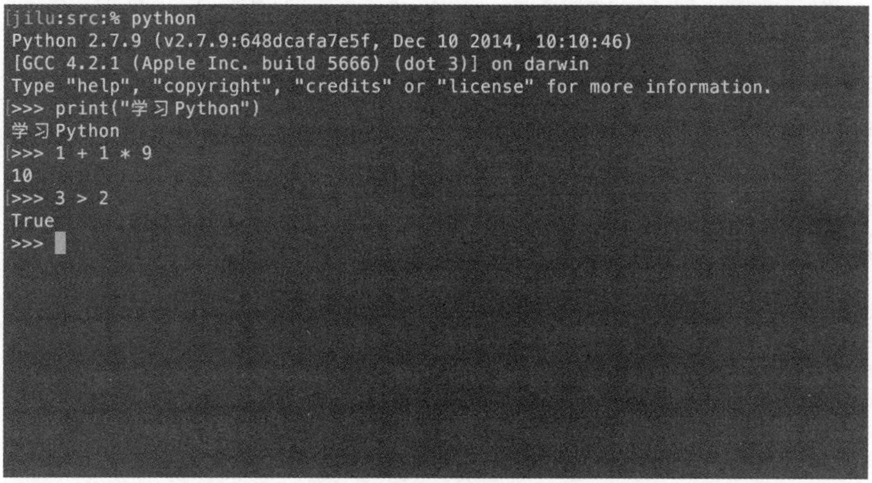

```
[jilu:src:% python
Python 2.7.9 (v2.7.9:648dcafa7e5f, Dec 10 2014, 10:10:46)
[GCC 4.2.1 (Apple Inc. build 5666) (dot 3)] on darwin
Type "help", "copyright", "credits" or "license" for more information.
>>> print("学习 Python")
学习 Python
>>> 1 + 1 * 9
10
>>> 3 > 2
True
>>>
```

图 0-1　初次使用 Python

（2）资源丰富、应用广泛

已经有很多书讲解了 Python 相关的技巧，比如《编程导论》是麻省理工学院（MIT）计算机科学导论的课程；《Python 编程实战》是一本 Python 编程技巧进阶的好书，介绍了在 Python 中如何实践设计模式；《机器学习实战》主要讲解了机器学习的常见算法，其中使用 Python 编写了全部的代码；《Python 高手之路》对如何使用 Python 构建大型系统提出了很多有益的见解。而且使用 Python 的知名项目也很多，比如 OpenStack 开源云计算平台就是由 Python 编写的，还有世界上最大的视频网站 YouTube 也是使用 Python 开发的，等等。当然 Python 在大数据应用上也有其独特的优势，科学计算库 NumPy 和 SciPy、绘图模块 Pylab、统计库 Pandas、机器学习库 Scikit-learn 都是为 Python 所设计的，现在流行的 Hadoop 和 Spark 也都提供了 Python 接口。可以说在"大数据""数据科学"领域，如果某一个产品不支持 Python，那么其前景将会是难以想象的。

（3）跨平台、免费

Python 官方提供了多平台的解释器，包括 Windows、Mac OS X、Linux 甚至更多的其他平台，你所写的 Python 代码，可以在不经修改的情况下移植，比如在 Windows 上开发，在 Linux 服务器上运行，不会有任何问题。而且 Python 是免费且开源的，不仅标准库可以随意阅读其源码，连官方解释器的 C 语言实现也可以获得其源码。Python 社区是鼓励分享的，读者不仅可以从中学到很多编程的技巧，甚至还可以做出一些贡献。

0.4 一个简单的例子

下面是一段用 Python 编写的有趣的代码，这里所用的模块并不会在本书中进行讲解，仅仅是向购买本书的你表示我的感激。

代码清单如下：

```
# ! /usr/bin/python
# -*- coding: utf-8 -*-
import sys

from colorama import init
init(strip=not sys.stdout.isatty())
from termcolor import cprint
from pyfiglet import figlet_format

cprint(figlet_format('welcome', font='starwars'),
       'yellow', 'on_blue', attrs=['bold'])
```

其输出的结果如图 0-2 所示。

图 0-2 打印艺术学的 Python 程序

这段代码非常酷，它会将一个英文单词转换成字符拼接的文字，如果你还看不懂该程序，也没关系，在学完第 1 章之后你就能明白这段代码的含义了，祝你阅读愉快。

第 1 章 *Chapter 1*

Python 介绍

本书主要介绍数据科学所使用的工具，但因为每一种语言都有自己的生态系统，而笔者多用 Python，所以本书主要会从 Python 的角度来介绍这些工具。阅读本书的读者，不管之前的基础如何，如果对 Python 这门编程语言有一定的了解，将能更好地掌握书中内容。可能有很多读者曾经在学校里学过 C/C++ 或是 VB，又或者听说过 Java、PHP 等这样广泛使用的编程语言，初闻 Python 的时候可能会对这个名字略感陌生，不过这一点并不能阻碍Python 成为数据科学领域的"一等公民"。从本质上来说，编程语言都是类似的，即通过计算的方式表达人类大脑中的想法，可能读者现在还想象不出来在电脑上浏览网站的动作是如何转换成公式，并通过电脑进行计算的。这个看似简单的动作其实包含了一系列从低级到高级的抽象，也就是我们常说的算法、设计模式等内容。现在的编程语言有上千种之多，虽然各有各的特色，但是都脱离不了基本的算法和设计模式。很多有用的框架都在多种编程语言上实现过，他们的功能几乎是一致的。不过这些种编程语言中也有着一些明显的区别，表 1-1 提供了区分不同编程语言的一些维度。

表 1-1 中灰色部分就是 Python 所对应的特性。总的来说，Python 是一门高级语言，使用者并不需要关心计算机底层是如何工作的。而且 Python 的使用不仅局限于数据处理，它还可用于 Web 开发、嵌入式开发等领域，是一门被广泛使用的高级语言。

表 1-1　区分编程语言的一些维度

低级	高级
通用	特定领域
解释型	编译型

由于 Python 是解释运行的，因此并不需要提前编译，省去了大量的麻烦，并且可以在大多数常见的操作系统上执行。

1.1 Python 的版本之争

笔者非常希望这本书是你的第一本 Python 书，这样本书就不用去解释为什么 Python 会有两个不兼容的版本了。但是，这个问题必须解释清楚！因为这是一本入门类图书，不仅应该讲授当下必须了解的知识，还应当适当地回顾历史、展望未来。Python 之父吉多·范罗苏姆是在一个圣诞节的假期为了打发无聊时光而开发的 Python 早期版本，不过当时由于电脑性能太差，而 Python 的设计又强调通过消耗电脑的时间来节约人力的时间，导致 Python 程序运行缓慢，因此在早期并没有受到太多关注。2001 年 Python 才发布了 2.0 版本，实际上在 2.4 版本发布的 2004 年之后 Python 的使用才开始快速增长。Python 2.5 版本在以前是一个非常流行的版本，以至于这个版本被维护了很多年，至今仍然能够看到很多以这个版本撰写的图书。在这个时期电脑的性能得到飞速提升，程序员们也慢慢地接受了这种花费计算机的一些时间来节约自己的时间的理念。在 Python 2.x 发布了 9 年之后的 2009 年，Python 3.x 发布了，为了解决 2.x 版本中的一些早期设计缺陷，以及包括字符串编码等 Python 老大难问题。不过这似乎也带来了更多的问题，在经过了 3 个版本的补救之后，3.4 版对 Python3.x 进行了大刀阔斧的修改，以至于在 3.x 的版本中 3.4 之前和之后的版本也并不兼容。好在当时迁移到 3.x 的项目并不多，不过这也确实给人以 Python 3.x 不靠谱的印象，因此也为以后 3.x 版本的推广增加了一些难度。当然坊间流传的另外一个原因是 "Python 3.x 比 Python 2.x 慢"，我不得不承认这是个事实，但 Python 本来也不是以快为目的而设计的，所以真的不必在意这一点。

目前，常用的 Python 有两个版本，Python 2.x 和 Python 3.x（通常指 3.4 以后的版本，3.0-3.3 版本官方已经不推荐使用了）⊖，两个版本在很多方面都不兼容，甚至简单的 "打印" 输出都不兼容，所以基本上没办法无痛地将写好的 Python 程序在两个不同版本的解释器上运行。Python 3.0 于 2009 年年初发布，Python 社区从版本 2 向版本 3 的跨越用了 7 年时间，但仍然说不上成功，大量有用的库仍然不支持 Python 3。即使有这样的问题，新版本的 Python 仍有不少优点，比如它统一了 Python 2 中比较混乱的部分，解决了编码问题，增加了新式类，尤其在 Python 3.5 这个版本中，还增加了异步关键字 async、await 等，这些改变使得 Python 3 相比于 Python 2 有着很大的优势。然而在本书写作之时，仍然有一些重要的库不支持 Python 3，所以笔者推荐使用 Python 2.7 进行本书的学习。不过为了着眼未来，本书会尽量使用 Python 3 的风格来书写程序，并且会在首次出现时注明，希望能够帮助那些未来会使用 Python 3 的读者减少一些迁移的痛苦。

⊖ 在本书写作时最新的版本是 Python 2.7.11 和 Python 3.5.1。

1.2　Python 解释器

由于 Python 是一门开源语言，所以只要愿意，任何人都可以为其实现一个解释器。目前官方解释器 CPython 是绝对主流，如果读者有兴趣，可以了解一下其他的版本，比如支持 JIT（即时编译）的 PyPy，可以把 Python 编译成 C 语言的 Cython，拥有 notebook 这样友好、方便编程界面的 IPython 等。本书会使用官方解释器 CPython 进行讲解，并且还会使用到一些第三方的库，本节也将介绍一下如何在主流的操作系统中安装必要的软件。

1.2.1　Mac OS X 系统

如果读者使用的是苹果电脑（并且使用的是其自带的系统），那么无须特别安装 Python，因为它已经被预先安装在电脑中了。为了验证这一点，读者可以打开 Mac OS X 的"终端"应用，在打开的终端里输入"python"。如果可以看到如下的输出则证明电脑中已经正确地安装了 Python：

```
Macbook Pro:~:$ python
Python 2.7.9 (v2.7.9:648dcafa7e5f, Dec 10 2014, 10:10:46)
[GCC 4.2.1 (Apple Inc. build 5666) (dot 3)] on darwin
Type "help", "copyright", "credits" or "license" for more information.
>>>
```

上述代码中第一行的"$"符号是终端的命令提示符，需要在这个符号之后输入"python"这个命令以打开 Python，如果一切正常，则终端会输出一些关于 Python 版本的信息，最后一行以">>>"结尾。">>>"是 Python 交互式解释器的命令提示符，想要使用 Python，应当在这个符号后面键入 Python 命令。若想要退出 Python 则需要在">>>"之后输入"exit()"，或者同时按下键盘上的快捷键 Ctrl+D。

1.2.2　Linux 系统

如果读者使用的是 Linux 系统，那么与 Mac OS X 系统一样，无须进行安装即可使用 Python。打开终端的方式取决于你使用的 Linux 发行版本[⊖]，不过读者可以尝试按 Ctrl+Alt+T 的组合键来启动终端，或者在应用菜单中寻找"终端"或名为"Terminal"的应用。在打开了终端之后在命令提示符（通常来说是"$"）后，键入"python"以确认 Python 的版本信息，终端输出的内容应当与 Mac OS X 的相同，并且">>>"同样代表 Python 命令提示符，若想要使用 Python，则应当在这个符号后面输入 Python 命令。

⊖　如果读者想学习 Linux，并且不知道该如何选择 Linux 发行版，那么本书推荐选择 Ubuntu。

1.2.3　Windows 系统

由于 Windows 系统默认没有提供 Python ⊖，因此需要单独安装 Python。读者可以尝试访问 https://www.python.org/downloads/windows/ 以获取最新的 Python 安装包。在写作本书时最新的 Python 2.x 版本是 Python 2.7.11，分为 32 位版和 64 位版，下载地址分别如下。

32 位版：https://www.python.org/ftp/python/2.7.11/python-2.7.11.msi

64 位版：https://www.python.org/ftp/python/2.7.11/python-2.7.11.amd64.msi

如果读者的电脑是较新的操作系统⊜，并且拥有 4GB 以上的内存，那么通常来说安装 64 位的软件应该是没有问题的。如果读者所用的系统较老，或者不确定自己的系统是多少位的，可以选择 32 位的版本进行安装。因为无论是 32 位还是 64 位的系统，都能够运行 32 位版本的软件，反过来 32 位的系统却不能运行 64 位的软件。

下载完成之后双击鼠标进行安装，在该过程中，就像安装普通的应用程序一样连续单击"下一步"，直到出现图 1-1 所示的界面为止。

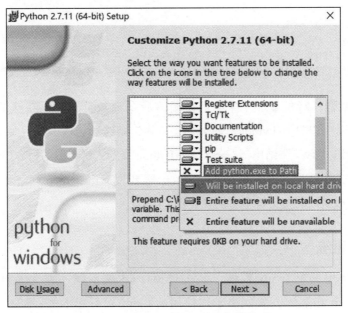

图 1-1　Windows 版 Python 安装界面

然后在 Add python.exe to Path 的安装选项中选择 Will be installed on local hard driver。接下来通过同时按下 Win+R 键⊛打开运行，在弹出的运行对话框中键入 cmd，如图 1-2 所示。

⊖　不仅是 Python，即使 Java、C/C++ 这些常见语言的编程环境 Windows 都默认没有提供。

⊜　Windows 7 以后的系统，包括 Windows 7、Windows 8 和 Windows 10。

⊛　Win 键就是空格键的左边或右边带有微软徽标的按键。

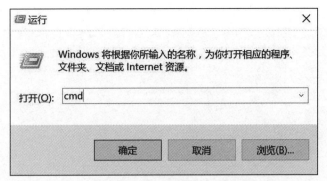

图 1-2　Windows"运行"程序界面

操作完成后，就打开了 Windows 的命令行界面，如图 1-3 所示。

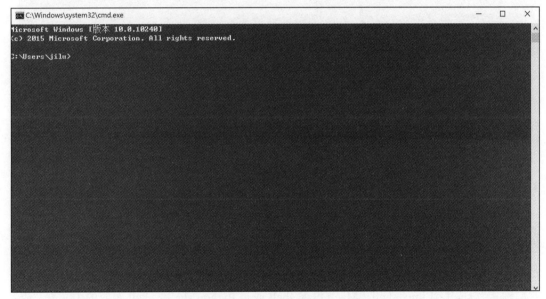

图 1-3　Windows 命令行（cmd）窗口

此时在命令提示符"＞"后输入"python"会出现两种情况：情况一，会出现与 Mac OS X 系统一样的 Python 版本信息，并且以"＞＞＞"结尾。情况二，会出现"'python'不是内部或外部命令，也不是可运行的程序或批处理文件。"的错误信息。如果是这样，就需要先运行下面的命令⊖以修正这个错误：

```
set PATH=%PATH%;C:/Python27
```

之后再运行 Python，就可以得到正常的输出了，如图 1-4 所示。

⊖　只有在安装时需要运行一次，以后无须再次运行。

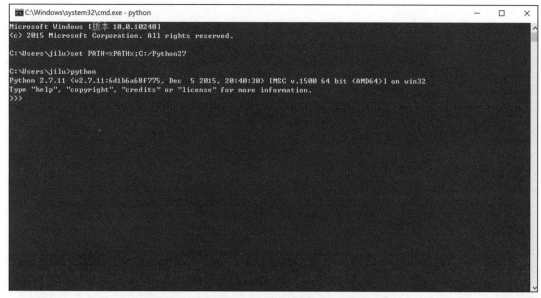

图 1-4　在 Windows 上正确运行 Python 的界面

至此，读者应该已经能够在自己的电脑上使用 Python 进行编程了。在 Windows 下，想要退出 Python 只能使用输入 exit() 的这一种方式，Windows 的 cmd 不接受 Ctrl+D 的命令。

1.3　第一段 Python 程序

Python 程序有时也称为 Python 脚本，是定义和命令的序列。Python 提供了非常方便的交互式解释器，也就是 1.2 节中提到的在终端输入"python"时启动的程序。很明显，无论是终端还是 Python 交互式解释器，都需要用户在命令提示符后面输入命令才能工作，通常我们称其为 shell、Linux shell、Mac OS X shell 或是 Python shell。shell 对应的中文有"壳"的意思，表示这是计算机核心计算单元的一层外壳，用户可通过这层壳向计算机发送命令。现在请读者打开 Python shell，让我们尝试一些例子：

```
Macbook Pro:~:$ python
Python 2.7.9 (v2.7.9:648dcafa7e5f, Dec 10 2014, 10:10:46)
[GCC 4.2.1 (Apple Inc. build 5666) (dot 3)] on darwin
Type "help", "copyright", "credits" or "license" for more information.
>>>print("Hello Data")
Hello Data
>>>print("Hello %s" % "World")
Hello World
>>> "Hello Data"
'Hello Data'
```

```
>>>1 + 2
3
>>>
```

这里分别执行了 4 条命令，在命令提示符"＞＞＞"之后，我们手动输入了 print("Hello Data")、print("Hello %s" % "World")、"Hello Data"、1 + 2。每输入一条命令按一次回车键，Python shell 就会在接下来的一行顶格打印出执行完该命令所得到的结果，并换行输出另外一个命令提示符，以等待下一条命令。注意，这里在第一条和第二条语句中分别给 print 函数⊖传了一个值，如果是一句话⊖，那么 print 函数会将其打印到屏幕上。接下来的命令中则省略了 print 函数，直接输入 "Hello Data"，其结果与前两条语句的结果稍稍有些不同（多了左右的单引号）。这是 Python shell 特有的功能，无需特殊的命令就能输出 Python 语句的结果（单引号仅表示结果是字符串类型的，并没有其他的含义）。

最后一条语句中进行了一个简单的数学计算，读者还可以尝试其他的运算。需要特别注意的是，当进行除法计算时，比如下面这个命令：

```
>>>10/3
3
```

所得到的结果是整除法的结果（省略了小数部分），如果想要得到正常的结果，请用小数表示这个计算，比如：

```
>>>10/3.0
3.3333333333333335
```

这个问题在 Python 3 中已经得到了解决，并且在 Python 2 中也有很好的解决方案，关于这点第 2 章中会进行详细的介绍。

1.4 使用 Python shell 调试程序

Python shell 不仅为 Python 初学者提供了一个方便的入门工具，更是提高了专业程序员和数据科学家们的生产力。比如在编写程序时忘记了某个表达式的写法，可以打开 Python shell，在里面调试好了之后再写入程序。或者直接在 Python shell 中探索原始数据文件中的数据，变换数据的结构，执行计数、去重、分组等操作。并且可以随时查看前辈们留给我们的建议，比如在 Python shell 中输入 import this，将导入 Python 中一个名为 this 的模块：

⊖ 在 Python 2 中 print 通常是以命令的方式出现的，比如 print "Hello Data"，但这里使用的是 Python 3 打印函数的形式，后续的章节中会讲解打印函数相较于打印命令的优点。

⊖ 这里暂时还不能在 shell 中输入中文字符，关于如何处理中文会在第 2 章中详细介绍。

```
>>> import this
The Zen of Python, by Tim Peters

Beautiful is better than ugly.
Explicit is better than implicit.
Simple is better than complex.
Complex is better than complicated.
Flat is better than nested.
Sparse is better than dense.
Readability counts.
Special cases aren't special enough to break the rules.
Although practicality beats purity.
Errors should never pass silently.
Unless explicitly silenced.
In the face of ambiguity, refuse the temptation to guess.
There should be one-- and preferably only one --obvious way to do it.
Although that way may not be obvious at first unless you're Dutch.
Now is better than never.
Although never is often better than *right* now.
If the implementation is hard to explain, it's a bad idea.
If the implementation is easy to explain, it may be a good idea.
Namespaces are one honking great idea -- let's do more of those!
>>>
```

大意是：

```
Python 之道

美丽优于丑陋
明确优于晦涩
简单胜于复杂
复杂胜于混乱
平铺胜于嵌套
稀疏胜于紧凑
可读性很重要
尽管实用性很重要，但也不能破例违背上述原则
绝不让错误无声无息，除非你想这么做
面对模棱两可时，不要妄想猜测能解决问题
应该只有一种最适合的，且显而易见的解决方案
可能这种方案一开始并不那么显而易见，因为你不是 Python 之父
做比不做强，但是随意做还不如不做
很难向别人解释的方案是不好的
很容易向别人解释的方案也许是好的
命名空间是一个令人拍手称赞的好点子，让我们善加利用
```

　　通过上面的例子，我们已经知道了 Python 中模块的概念，模块是 Python 中最大的代码单位，以后我们还会学到文件、函数、语法块等不同级别的 Python 代码单位。在一个 Python 的模块中可能会包含一个到多个不同的功能，Python 中随解释器一起分发的标准模块有 300 多个，可以应付绝大多数的编程任务，也确实有些程序员坚持只使用标准库提供

的模块。不过本书提倡的是另外一种编程的哲学，即"不要重复造轮子"，只要某一个功能已经被别人实现为模块了，那么最好拿来就用，而不是自己重新编写。所以我们会安装很多第三方模块，这些模块也是非常优秀的，只是还没有被收录进官方的标准模块中[⊖]，也是基于此，下面将使用 pip 来安装第三方模块。不过，根据操作系统的不同，安装方式也略有区别，如果读者使用 Mac 或 Linux 系统，那么按照之前的教程并没有经历安装 Python 解释器的步骤，因此这里需要读者确认一下自己的 Python 版本。可以在终端输入 python，比如：

```
$ python
Python 2.7.11 (default, Jan 28 2016, 13:11:18)
[GCC 4.2.1 Compatible Apple LLVM 7.0.2 (clang-700.1.81)] on darwin
Type "help", "copyright", "credits" or "license" for more information.
>>>
```

在输出的第一行 Python 代码之后，由点号分隔的部分就是 Python 的版本，例如上述代码中显示的版本是 2.7.11。如果你的 Python 版本为 2.7.9 或高于该版本，那么你无须任何操作就已经拥有了 pip 程序，可以在终端中输入 pip 尝试一下，会有类似下面的输出：

```
$pip

Usage:
  pip <command> [options]

Commands:
  install                    Install packages.
  download                   Download packages.
  uninstall                  Uninstall packages.
  freeze                     Output installed packages in requirements format.
  list                       List installed packages.
  show                       Show information about installed packages.
  search                     Search PyPI for packages.
  wheel                      Build wheels from your requirements.
  hash                       Compute hashes of package archives.
  completion                 A helper command used for command completion
  help                       Show help for commands.
```

如果很不幸你的 Python 版本号低于 2.7.9，那么需要手动安装 pip，可以在网址 https://bootstrap.pypa.io/get-pip.py 中下载安装脚本。

将脚本下载到某一个目录中，然后使用下面的命令进行安装：

```
$sudo python get-pip.py
```

由于 Mac 系统和 Linux 系统权限的要求，这一步需要你输入电脑的开机密码。

对于 Windows 系统来说，如果是参考本书的安装方式进行安装的，那么你已经获得了

⊖　事实上很多官方的标准模块都曾经是第三方模块。

最新版本的 Python，也就表示你已经拥有了 pip，可以直接使用。

使用 pip 安装 Python 的第三方模块非常简单，比如我们要安装 requests 这个第三方模块，可以使用下面的命令：

```
$pip install requests
```

一般来讲，Windows 的用户直接运行这个命令就可以安装了，而 Mac 或 Linux 用户由于系统权限的原因需要在命令的最前方增加 sudo 这个命令，代码如下：

```
$sudo pip install requests
```

以后的章节中将不再强调这一区别，请读者根据自己的系统使用相对应的命令。另外有一部分因为历史原因，第三方库是使用 C 语言编写的，因此很可能还需要你的电脑上装有 C/C++ 编译器。对于 Mac 和 Linux 来说，就是 GCC 编译器，对于 Windows 来说则是 Visual Studio。

在上述过程的实践中，大家可能会遇到各种各样的问题，本书无法穷尽所有可能会遇到的问题，所以当遇到具体的问题时应当尽量求助于搜索引擎。关于使用搜索引擎，笔者自己有一条最基本的原则：我不可能是第一个遇到该问题的人！只要遵守这个原则，绝大多数情况下都能找到令人满意的答案。

第 2 章 *Chapter 2*

Python 基础知识

为了开启我们的数据科学之旅，本章会进行一些基础的编程训练。第 1 章中已经搭建好了 Python 的运行环境，读者应该已经能够在 Python shell 中执行简单的打印和四则运算了。接下来我们要完整地学习一遍构成一个 Python 程序的基本要素。

2.1 应当掌握的基础知识

本节会介绍一些学习 Python 前应当掌握的基础知识，这一部分内容在所有的编程语言学习中基本上都是类似的，Python 当然也遵守这些通用的规则，熟悉这些内容的读者可以跳过这一节。

2.1.1 基础数据类型

首先，需要明确的是，在 Python 中，所有的元素都是"对象"。"对象"是计算机科学中的一个术语，本书以后的章节会对其进行介绍，现在读者只需要将对象等同于"东西"就好了。既然是一种东西，那么就要对其进行分类，所有对象都要归属于某个"类型"，比如猫属于动物，电视属于电器，床属于家具等。从这个比喻来看，对象是一个具体的事物，而类型则是一个抽象的分类，并且同一类型的东西总是有很多相似之处，比如动物需要吃东西，可以自由移动，或者趴在你的键盘上妨碍你打字（开玩笑的）。虽然本章并不打算介绍"面向对象"，但还是想强调一下"对象"是 Python 程序处理的核心事物，而且每个对象都有它所归属的类型，最终会由类型决定 Python 程序可以对这个对象做什么。

Python 有如下 5 种基本的数据类型。

❏ None：这个类型表示什么都没有，这是一个特殊的类型，并且也仅有 None 这一个对象。

❏ int：表示整数的类型，比如 1、2、3、4 这样的数字就是 int 型，当然，负数 –1、–2、–3、–4 等也都在 int 的范围之内，范围等同于数学定义中的整数。

❏ float：代表浮点数，比如 1.2, 4.5 或 –72.1，当所要表达的数字过大或过小时可能会用科学计数法来表示，比如 1.6E11 代表 1.6×10^{11} 这样的大数。而且 1.0 或 –2.0 这样的数也叫作浮点数，虽然它们的值与去掉小数点及后面的 0 之后的值看起来是相等的，但是它们是不同的类型，Python 程序可以对它们做的事情也不一样[一]。比如下面这一小段程序[二]：

```
jilu:~:% python
Python 2.7.9 (v2.7.9:648dcafa7e5f, Dec 10 2014, 10:10:46)
[GCC 4.2.1 (Apple Inc. build 5666) (dot 3)] on darwin
Type "help", "copyright", "credits" or "license" for more information.
>>> 2 == 2.0
True
>>> 2 is 2.0
False
>>> type(2)
<type 'int'>
>>> type(2.0)
<type 'float'>
>>>
```

❏ bool：表示布尔类型的值，可能有的读者听说过布尔值只有两个，非 0 即 1，在 Python 中使用 False 代表 0，True 代表 1，上面的一小段代码试图判断 2 与 2.0 之间值的大小时，Python 程序的结果是 True，而在判断 2 是不是 2.0 时返回的却是 False。

❏ str：代表字符串类型，比如 "Hello World" 就是一个 str 类型。严格来说，在 Python 2 中还有一个 unicode 类型几乎与 str 类型没有任何区别[三]。并且 str 类型也不是原子[四]类型，而是由多个字符组成的序列类型。实际上 str 类型并不是基础数据类型，可实际上几乎没有程序能够完全不使用字符串类型的对象（即使是第 1 章中的示

[一] 比如在 Python 2.x 中 1/2 与 1/2.0 的结果是不同的，当然这里的区别非常微妙，初学者也不用太过在意。

[二] 在 Python 中 "=="表示对左右两边的值进行"值相等比较"，而"is"则代表对类型和值同时进行比较，另外，与不等于比较相对应的版本是"！="和"is not"，type 可以告诉我们传入的对象所归属的类型。

[三] 在 Python 3 中 unicode 已经被取消了，所有的字符串都是 str 类型。

[四] 所谓"原子"类型，就是不能够再进行切分的最小类型单位，之前介绍的 4 个类型都属于原子类型。

例程序，也用到了字符串类型的对象，那个时候读者也许还不知道什么是对象，就已经知道"Hello World"是字符串了），所以这里将 str 划为基础数据类型。

现在，我们已经介绍了 Python 的 5 个基本类型，接下来就让我们对它们做一些事情。

2.1.2　变量和赋值

在 Python 中我们可以随意为对象起一个名字，甚至起好几个名字，比如下面的语句：

```
>>> USD_to_CNY = 6.4855
>>> dollar_rate = USD_to_CNY
>>> dollar_rate = USD_to_CNY = 6.4855
```

第一条语句用于将字面量为 6.4855 的浮点型对象赋值给 USD_to_CNY 变量；第二条语句是通过变量 USD_to_CNY 将 6.4855 传递给了另外一个变量 dollar_rate；第三条语句则是前两条的合体。这里需要强调的是，在 Python 里所有的赋值操作都是起一个别名，对象还是最原始的对象，这种方式叫作引用传递。Python 中有一个 id() 方法，可以将某个对象在 Python 内部的唯一编号打印出来，为了证明这一点，一起来看一下下面的代码及输出：

```
>>> id(6.4855)
4302308792
>>> dollar_rate = USD_to_CNY = 6.4855
>>> id(dollar_rate)
4302308792
>>> id(USD_to_CNY)
4302308792
>>> id(6.4855)
```

可以看到无论是原始的变量还是它的两个别名，它们的对象 ID 都是相同的⊖。如果我们为一个变量重新赋值，那么与这个变量对应的对象 ID 就会改变，比如：

```
>>> dollar_rate = 5.5
>>> id(dollar_rate)
4302308816
```

虽然，变量仅仅是一个名字，但是想起一个好的名字并不容易。真正的程序员在工作中无时无刻不面临着如何给某个对象找一个简单直白的名字，如果起了一个有误导性质的名字，结果很可能是灾难性的。比如，一个粗心的程序员将美元汇率（USD）写成了欧元汇率（EUR），那么这家公司可能会因为给顾客兑换更多的人民币而破产。Python 的书写规范（EPE8）中，详细地规定了该如何书写名称，本书仅做一些必要的约定：名称应该是能表达

⊖　如果读者在自己的计算机上运行上面的命令，得到的对象 ID 跟本书输出的结果可能会有所不同，这不要紧，这里最重要的是三行命令最终会得到相同的对象 ID。

实际含义的名词，由字母、数字及下划线组成，但不能以数字开头。还要注意的是，不要使用 Python 的保留字，因为这些单词是程序得以顺利执行的基础，它们有一些特定的含义，以下是 Python 2.7 中的保留字[⊖]：

```
and       del       from      not       while
as        elif      global    or        with
assert    else      if        pass      yield
break     except    import    print
class     exec      in        raise
continue  finally   is        return
def       for       lambda    try
```

关于赋值，最后还有一点需要说明，即 Python 支持多重赋值，如果读者有过 C/C++ 编程的经验，可能对下面的语句不会陌生：

```
x = 1
y = 2
z = x
x = y
y = z
```

在比较有历史的编程语言里，要交换两个变量的值只能通过一个中间变量来实现，而在 Python 中可以方便地写成：

```
>>> x = 1
>>> y = 2
>>> x, y = y, x
```

在 Python 中这种赋值方式称为列解包，后这将会在讲解序列类型时再次提及序列解包。

2.1.3　操作符及表达式

Python 中有一系列的操作符，操作符可用来连接两个[⊖]对象的符号，比如"＋"号操作符连接两个数字就可以组成一个表达式，而且表达式的值也是对象，下面列出了 Python 的全部操作符：

算术操作符：　　　＋、-、*、**、/、//、%

位操作符：　　　　<<、>>、&、|、^、~

比较操作符：　　　<、>、<=、>=、==、!=

逻辑操作符：　　　and、or、not

❑ 算术操作符：用来进行算术操作。值得注意的是，Python 中的算术操作符是自动重

⊖　在 Python 3 中增加了 await 和 async，取消了 print，不过习惯上还是不要将 print 用作变量名。

⊖　Python 没有三元操作符（?:)，所以在 Python 中，操作符就是用来连接两个对象的。

载的，对于 int 类型的两个对象，"＋"代表求和。而对于 str 类型的两个对象，"＋"
就会变成连接两个字符串，比如：

```
>>> "abc" + "dfe"
abcdef
```

对于该符号，本章后面讲解字符串时会做进一步讲解。

- ❑ 位操作符：Python 的位操作符是进行位运算的，比如将一个整数右移的计算"1234
  >> 1"，因为本书并不会涉及位运算，感兴趣的读者可以自己找一些资料来学习。
- ❑ 比较操作符：这个操作符就很好理解了，不过值得注意的是，比较操作符也是经过
  重载的，在比较字符串的类型时，是按照字母的字典顺序进行比较的，比如"a"<
  "b"。含有比较操作符的表达式，其表达式的值是布尔型，比较条件成立时为 True，
  不成立时为 False。
- ❑ 逻辑操作符：and 表示操作符两侧的值（表达式的值或对象的值）全部等同于 True 时⊖，
  结果就是 True。or 只需要操作符两侧的值有一个为 True 就为 True。not 就如字面意
  思一样，会逆转 Ture 和 False 的值，比如 not True 的结果是 False，反之亦然。

最后，需要注意的是，编程与数学计算一样，操作符是有优先级的，比如 * 号就要优先
于＋运算，实际的处理办法也与数学中的相同，可以使用圆括号 () 来将想要优先运算的部
分括起来。比如（1＋2）*3 就会先计算加法再计算乘法。

2.1.4　文本编辑器

使用 Python 的交互式命令行是非常便捷的编程方式，但是当需要编写的程序比较多时，
程序员应使用更好的工具来管理代码。为简便起见，本章暂时还不会介绍 IDE（Integrated
Development Environment，集成开发环境），刚入门编程的读者最好还是从普通的纯文本编
辑器开始入手。

可能有不少读者常用的编辑文本的软件是 Office World、Windows 记事本，或者 Mac 上
的 pages、备忘录，又或者是跨平台的印象笔记等。这些软件可以叫作文本编辑器，但是却
不能叫作纯文本编辑器。因为这些软件为了方便排版，除了实际显示的文本之外，还有很多
特殊的隐藏字符用来表示格式。任何代码文件都应当以纯文本的方式来保存，所以这里推荐
两款适用于编程的纯文本编辑器——Sublime Text 3 和 Notepad++。

⊖　这里我用了一个绕口的说法，因为在 Python 中对象的值及表达式的值的真假稍微有一些模糊，除了布尔
　　型的 Ture 和 False 之外，int 型中除了 0 其余的值都相当于 True，0 相当于 False。而字符串型中除了 ""
　　空字符串等同于 False 之外其余的值均为 True。不过总的来说，对于每一种 Python 对象，一般是没有意
　　义的空值等同于 False，其余的等同于 True。

1. Sublime Text 3

Sublime Text 3 是首选，这是一款免费的、跨平台的纯文本编辑软件[⊖]，在 Mac OS X、Windows、Linux 里都有对应的版本，图 2-1 是 Sublime Text 3 运行时的截图。

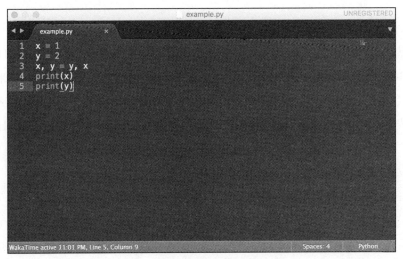

图 2-1　Sublime Text 3 界面

从图 2-1 中可以看到，Python 代码的不同部分被标注成了不同的颜色，这是因为我将文件保存成 example.py 的文件了。".py"是 Python 程序的扩展名，正确的 Python 程序必须以 .py 结尾，这样编辑器和 Python 解释器才能够正确识别。

2. Notepad++

Notepad++ 是一款专门为 Windows 设计的纯文本编辑器，同样也是免费的，而且有一批忠实的用户在使用，有兴趣的读者可以去了解一下，图 2-2 是 Notepad++ 的软件界面。

以上两个软件的功能很相似，都能够满足我们目前的需求，安装方式也与其他应用程序的安装方式一致，这里就不再赘述了。再提醒一次，使用 Windows 的用户一定不要使用 Windows 记事本打开 Python 程序文件，因为记事本会向纯文本文件每一行的末尾插入一个 Windows 特有的标记，平时看不见，但它会导致程序运行失败。

在安装编辑器之后，输入适当的 Python 代码，保存为以".py"结尾的 Python 程序文件之后，就可以通过在命令行中输入"python+ 程序文件路径"的方式运行了，在 Mac OS X 中的截图如图 2-3 所示。

⊖　如果不付费偶尔会有弹窗提示，但是不妨碍使用。

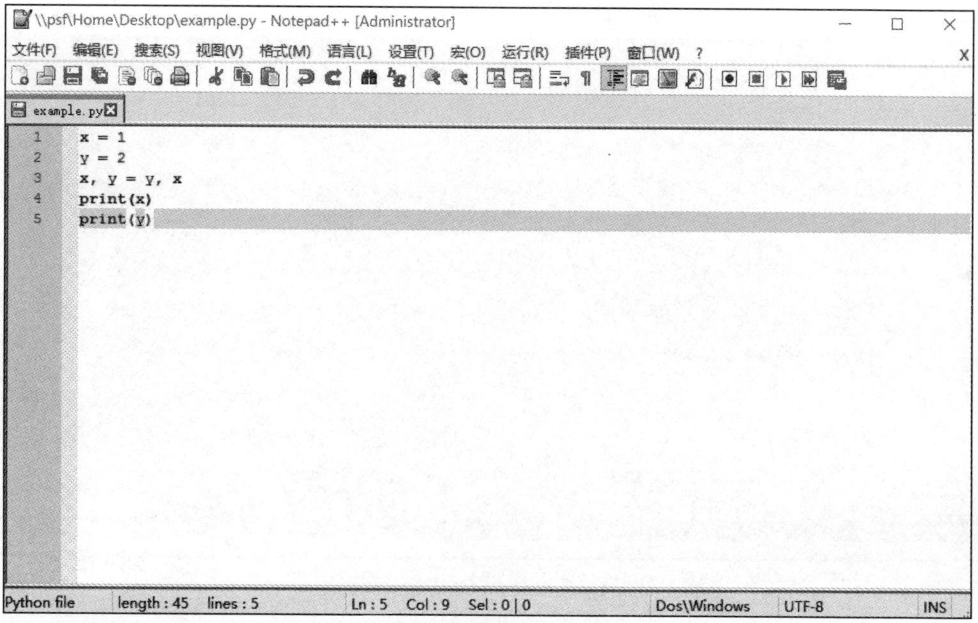

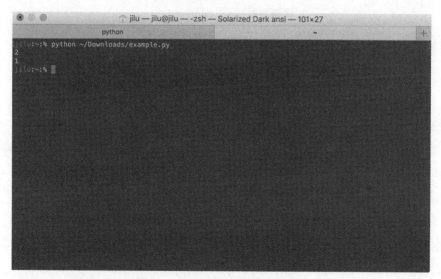

图 2-2　Notepad++ 界面

图 2-3　Mac OS X 终端运行界面

在 Windows 中的截图如图 2-4 所示。

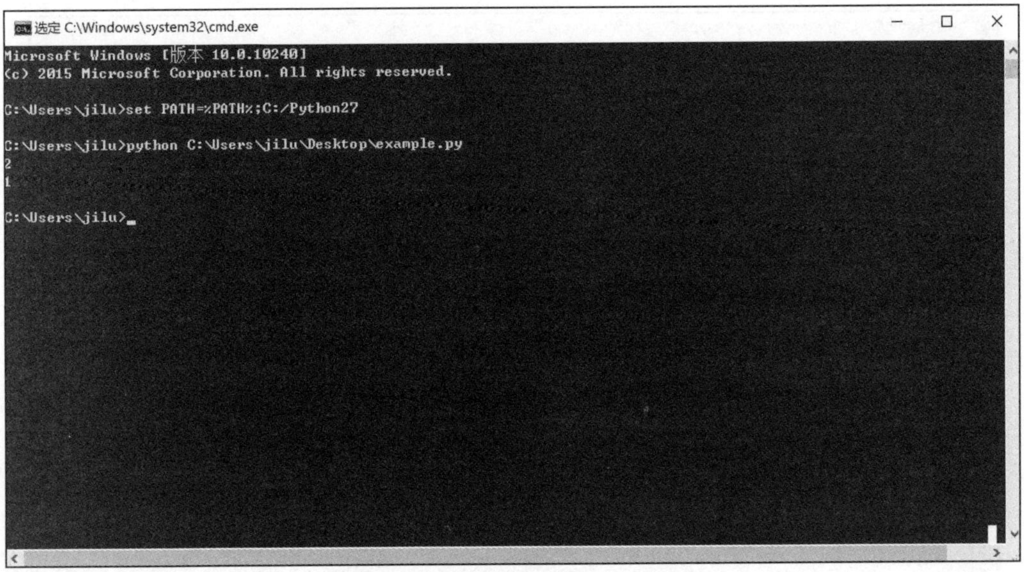

图 2-4　Windows CMD 运行界面

通常，Python 程序文件的头部会添加两行特殊的字符串，如代码清单 2-1 所示。

代码清单 2-1：example.py

```
# ! /usr/bin/python
# -*- coding: utf-8 -*-

x = 1
y = 2
x, y = y, x
print(x)
print(y)
```

其中第一行在 Windows 系统当中没有意义，这是专门给 Python 代码在 Mac OS X 或 Linux 上运行的用户使用的⊖。第二行对于非英文用户是比较关键的，它说明了程序文件是以 utf-8 编码保存的，中文和其他非 ASCII 字符的文字需要以这种方式保存在 Python 程序中。另外由于 Python shell 只能输入 ASCII 字符，所以通过编写 Python 程序文件也可以实现对中文的处理，比如代码清单 2-2。

代码清单 2-2：hello.py

```
# ! /usr/bin/python
# -*- coding: utf-8 -*-
print("你好，世界")
```

⊖　因为在这两个系统上，Python 代码可以单独启动，在命令行中程序前的 python 并不是必须的，所以程序需要知道使用哪个 Python 解释器来运行。因为这将涉及这个系统独有的文件权限，此处就不再展开了。

在 Mac OS X 终端上执行之后的结果是：

```
jilu:~:% python ~/Downloads/hello.py
你好，世界
```

Windows 命令行执行的命令是"python　C:\Users\jilu\Desktop\hello.py"，在本书以后的章节里，如果提到运行 Python 程序，则表示是在终端或命令行中使用 python 命令调用代码清单，我会直接给出代码清单和运行结果，而省略运行的步骤。

这里还有一些小技巧可以帮助读者快速地输入代码清单的存储路径，即无论在何种操作系统下，都可以通过鼠标拖曳代码清单的文件到命令行里，命令行中会自动打出该文件的路径，之后就只需要再补充 python 命令即可。

2.2　字符串

在第 1 章中我们已经接触过字符串了，Python 不像其他语言一样有字符类型[⊖]，在 Python 中，一个字符仅仅是包含一个字符的字符串。而且字符串也能够进行运算，主要支持两种运算符"+"和"*"，示例代码如下：

```
>>> "a" + "b"
'ab'
>>> "a"*3
'aaa'
>>> 'a' < 'b'
True
```

这两个运算符很容易理解，"+"代表字符串拼接，可以组合两个字符串；"*"代表复制多份然后拼接，"*"后面的数字就是需要复制的份数；当比较两个字符串时是按照字典顺序比较大小的。称为运算符的重载。由于字符串类型是一种序列类型，所以当我们只想取得这个序列中的一部分时，可以使用 Python 中的分片操作：

```
>>> s = 'abcdefg'
>>> s[1:-1]
'bcdef'
>>> s[1]
'b'
>>> s[-1]
'g'
```

这里首先将字符串"abcdefg"赋值给变量 s，然后在 s 后面用一对方括号将两个数字和

⊖　实际上 Python 没有任何基础数据类型，在 Python 中一切都是对象，比如数字 1 是 int 类型的一个对象，而 int 也是 Type 的对象，这个概念比较高级，后文中会有所讨论。

一个冒号括起来，输出的结果正好是去掉第一个和最后一个字符，这就是 Python 中对于序列类型的对象所进行的分片操作，冒号前后的两个值为分片的位置。1 代表序列中位置为 1 的值，–1 代表序列中倒数第一个值。这里需要注意的是，在 Python 中序列索引是以 0 开始的 [⊖]，而且支持负数索引，不过负数索引是从 –1 开始的，这很容易理解，因为数学里的实数域没有 –0 这个值。而且区间是左闭右开的，即 [1:–1] 代表从索引为 1（并且包括 1）的值开始，直到索引为 –1（不包括 –1）的值。初学编程的人可能会难以理解序列分片为什么要这样设计，但实际上这种左闭右开的区间是很方便的一种结构，在 2.2 节讲解循环的时候会做进一步讲解。另外针对序列分片还有一个小技巧：

```
>>> s[1:-1:2]
'bdf'
>>> s[1:-1:1]
'bcdef'
>>>
```

如果在代表分片的方括号中再增加一个冒号之后跟一个数字，那么这个数字就代表以什么样的步长进行分片？假设这个值为 2，分片会前进两个字符再取出一个字符，就会得到"bdf"这样的结果。实际上如果不指定则最后一个数字默认的步长为 1，s[1:-1:1]"与"s[1:-1]"的结果是一致的。当然步长也可以是负数，聪明的读者肯定一下子就会明白我的用意：

```
>>> s[::-1]
'gfedcba'
```

这里在步长为 –1 时左右颠倒了这个字符串。而且当选取整个序列时，起始和终止索引可以省略，只留下两个冒号即可。所以在 Python 中分片的完整表达式如下：

```
s[start:end:step]
```

当指定的索引超出了字符串的长度时，我们就会得到一个异常：

```
>>> s[-11]
Traceback (most recent call last):
  File "<stdin>", line 1, in <module>
IndexError: string index out of range
```

Python 的异常是从上向下阅读 [⊜]，最后一行"IndexError"代表错误的类型，"File"开始的这一行中"line 1"代表出错程序在文件中的行号，这些信息有助于我们找到程序出错的位置，后续的章节会有专门介绍异常处理的内容。

⊖ 如果读者学习过 MATLAB 语言，可能会不习惯，因为 MATLAB 的序列索引是从 1 开始的。

⊜ 这一点都没有侮辱读者智商的意思，因为 Java 的异常是从下往上读，这让我在学习 Java 时伤了不少脑筋，如果读者学习过 Java 在这里就要注意了。

最后，对于一个字符串，要知道如何确定其长度，代码如下：

```
>>> len(s)
7
```

这很容易，"len()"是一个内置的函数，可以获取任意序列类型对象的长度，在这里 s 字符串拥有 7 个字符。

2.3　获取键盘输入

前面已经学习过如何将字符串打印到屏幕上了，接下来将通过一段程序来演示从键盘输入，再从屏幕输出的整个过程，见代码清单 2-3。

代码清单 2-3：input_example.py

```python
# ! /usr/bin/python
# -*- coding: utf-8 -*-

name = raw_input("Who are you?")
print("Hello " + name)
n = raw_input("Please input a number: ")
print(type(n))
print(type(int(n)))
```

清单运行的结果如下：

```
jilu:book:% python input_example.py
Who are you?jilu
Hello jilu
Please input a number: 12
<type 'str'>
<type 'int'>
```

请读者一定要尝试运行一下，上面的运行结果中，第二行的"？"和第四行的"："后面的字符是需要通过键盘输入，然后回车的。尝试之后，读者就能直观地感受到如何在程序运行时通过键盘输入了。raw_input() 函数括号中的字符串是提示语句，会在程序执行时打印到屏幕上，提示需要输入的内容。而通过键盘输入的内容则会被绑定到变量 name 上，最后通过字符串加法将两段内容拼起来并且打印到屏幕上，这样就完成了一个先输入再输出的过程。需要注意的是，通过这种方式输入时，无论是字符串还是数字都会以字符串的类型绑定到变量上，可以使用 type() 函数看到其类型，即使第四行输入的是一个数字，依然只得到了 str 类型的 12，此时可以用 int() 函数将其转换为整形。在 Python 中，所有的类型都对应了一个同名的函数，可以尝试将其他类型的值转换成该类型的值，比如 str()、float() 等。

2.4 流程控制

到目前为止，我们所编写的程序都是线性的程序，程序中的语句按照顺序依次被执行，这样的程序能实现的功能非常有限，而且还需要编写大量的代码，损失了编写程序执行任务的大部分优势。事实上，可以使用条件判断及循环这两种常用的方式更有效率地编写程序。

2.4.1 条件判断

带有条件判断的程序又称为"分支程序"，这样的程序由如三个部分构成。

❑ 一个条件判断，对一个表达式求值，结果是 True 或 False。

❑ 一个代码块，如果条件判断为 True，则执行这部分代码。

❑ 一个可选的代码块，如果条件判断为 False，则执行这部分的代码。

这样的代码可以执行某些规则的比较，比如下面这段程序：

```python
if sex == "man":
    print("he")
else:
    print("her")
```

我们在性别分别为男或女时打印出不同的代词，当然也可以做数学运算，比如使用取模的方式 $x \% 2 == 0$ 来判断奇偶。还记得吗？"=="代表的是比较，求值之后的结果是布尔型的 True 或 False，而"="代表的是赋值，不要搞混这两个概念。

Python 中另外一个重要的概念就是缩进。Python 不像其他语言使用";"或"{"、"}"来分割代码块，Python 只使用一个缩进来区分语法块，比如上面代码中的第二行及第四行。虽然很多人对这种方式颇有微词，但是缩进处理的方法有一个好处，代码在视觉上和逻辑上的结构是完全一致的。比如下面这一段 C 代码：

```c
if (friend_id != -1) {
if (m->friendlist[friend_id].status >= FRIEND_CONFIRMED)
    return FAERR_ALREADYSENT;
}
```

这段代码是完全正确的，但是读者能够很轻易地区分出这段代码中的两个 if 是在同一个逻辑层级还是在不同的逻辑层级上。在 Python 中正确的缩进应该是像下面这样的：

```c
if (friend_id != -1) {
    if (m->friendlist[friend_id].status >= FRIEND_CONFIRMED)
        return FAERR_ALREADYSENT;
}
```

这样阅读代码的时候逻辑确实更加清晰了。除了简单的 if...else... 语句之外，还有一个

关键字 "elif"，这个关键字是 "else if" 的缩写，我们可以写一个更加复杂的条件判断语句：

```
if x % 2 == 0:
    if x % 3 == 0:
        print "2 和 3 的最小公倍数 "
elif x % 3 == 0:
    print " 可以被 3 整除却不可以被 2 整除的数 "
else:
    print 0
```

在上面的程序中，elif 语句的后面还可以写一个条件判断语句。需要注意的一点是，若 elif 语句之前的某个 if 或 elif 语句不成立，就不会继续执行下去了，所以条件判断的顺序很重要。

虽然条件判断语句增强了我们编写程序的能力，但还有一个大问题需要解决，那就是如何让电脑任劳任怨地做我们为其安排的工作，这将会涉及 2.2.2 节将要介绍的流程控制方法。

2.4.2　循环

Python 中的循环分为两种，让我们先从读者可能比较熟悉的 while 循环说起。与条件判断语句类似，while 循环也是由条件判断语句和代码块构成的，示例代码如下：

```
x = 5
iters = 10
ans = 0
while iters > 0:
    ans = ans + x
    iters -= 1
print ans
```

上面的代码是计算 5 * 10 这个语句的复杂写法，先不要纠结这些细节，让我们来看看 while 循环需要哪些东西。这段程序的本质是将 10 个 5 加起来，所以需要循环 10 次，这一点可以从 iters 这个变量中确认，而变量 ans 则用于存储相加的总和。iters > 0 是条件判断语句，当这个语句的结果为 False 时，这个循环就会终止。而程序块中一定要有一个语句用于减少 iters 的值，即 iters -= 1 这个语句，以保证循环最终会停止。我们可以在纸上手工计算这个程序，每一次迭代之后 ans 的值应该是：5，10，15，20，25，30，35，40，45，50。

如果忘记了增加 iters -= 1 会怎么样呢？结果就是这个程序永远都不会终止，直到整数溢出错误发生，所以请一定要多加注意。

Python 的第二个循环方式是 for 循环，与其他编程语言一样，for 循环是一种比 while 更简便的表达方式。虽然用 while 循环可以实现所有的循环，但是如果类似 iters -= 1 这样的语句忘记写了，或者写错了，就会发生死循环。而 for 循环在很多时候都能避免此类的情况发生，因为 for 循环实现的出发点就是循环次数是已知的。下面来看一个计算乘法的 for 循环版本：

```
x = 5
ans = 0
for iters in range(10):
    ans = ans + x
print ans
```

这个程序中 range() 函数可以生成一个数列，遵循左闭右开的规则从 0 至 9，让我们使用 for 循环打印出来查看一下：

```
>>> for iters in range(10):
...     print iters
...
0
1
2
3
4
5
6
7
8
9
>>>
```

在 for 循环中，in 后面一定是一个序列，然后在每一次循环中序列中的值都会依次赋值给 iters，直到序列的最后一个值循环终止时为止。与序列的分片一样，range 可以传入 start、end、step 三个参数，比如：

```
>>> for iters in range(5, 50, 5):
...     print iters
...
5
10
15
20
25
30
35
40
45
>>>
```

上面的程序会生成一个从 5 起始，到 50 终止，步长为 5 的序列。如果要生成的序列过长，可以使用 xrange() 函数代替 range() 函数，xrange() 函数是 range() 函数的生成器版本[⊖]，

⊖　生成器可以理解成是 lazy load 的一种方法，直到这个值真正需要的时候才会被计算出来。

可以在序列很长的时候节约内存。

　　与其他语言一样，Python 的两种循环都支持 continue 和 break 语句，比如：

```
>>> x = 1
>>> ans = 0
>>> for iters in range(100):
...     ans = ans + x
...     if ans % 3 == 0:
...         continue
...     if ans >= 10:
...         break
...     print(ans)
...
1
2
4
5
7
8
>>>
```

　　在上面的程序中，第一个 if 中的 continue 会在 ans 能在被 3 整除的时候跳过当前这个循环，所以可以发现在输出结果中 3、6 和 9 不见了。而第二个 if 语句在使用 break 语句时如果 ans 大于 10 就会跳过整个循环程序块，即使循环次数没有达到 100 次也会跳出。

2.4.3　缩进、空白和注释

　　Python 中不需要用 “；”和 “ {}” 来对代码块进行分割，而是使用缩进来进行分割。有些初学者在使用文本编辑器时往往没有注意空格缩进与 tab 的区别，导致程序执行出错，这是需要注意的。而且一旦决定分隔符的空格数就要一直使用相同的空格数作为缩进，通常来说，Python 官方建议使用 4 个空格作为分隔符。不幸的是，Sublime Text 3 的默认分割符是 tab，读者可以尝试在 Performance>Settings-User 打开的文件中插入两行，以确保换行之后自动插入 4 个空格的缩进：

```
{
"tab_size": 4,
"translate_tabs_to_spaces": true
}
```

　　在 Python 中，空白行是没有任何意义的，用来保证美观即可。通常来说，逻辑上无关的程序块之间需要用两个空行进行分割。注释同样没有意义，通常以 “#” 开头。多行注释可以用来进行大段的描述，使用三引号进行表达，下面就列出几种常见的 Python 注释。

单行注释：

```
# Make sure the instance knows which cache to remove itself from.
```

多行注释：

```
"""A blocking HTTP client.

This interface is provided for convenience and testing; most applications
that are running an IOLoop will want to use `AsyncHTTPClient` instead.
Typical usage looks like this::
"""
```

第 3 章　*Chapter 3*

函数及异常处理

第 2 章已经介绍了数据类型、基本运算、分支、循环这些语句。它们是 Python 程序的一个基本模块，理论上这些语句已经可以完成一个程序的全部功能。不过现代语言的发展为编程语言赋予了更多的能力，比如本章要介绍的函数，可以将计算进行抽象，为一段复杂的处理起一个名字，以便将来重复使用。在讲解函数之前，先来看一段没有使用函数的代码，代码清单 3-1 是一段寻找前 n 个质数⊖的程序。

代码清单 3-1：find_primes.py

```python
primes = [2]
i = 1
num = 3
n = 10
while i < n:
    flag = 1
    for prime in primes:
        if num % prime == 0:
            flag = 0
            break
    if flag == 1:
        primes.append(num)
        i = i + 1
    num = num + 1

print(primes)
```

⊖　质数是数学中的一种特殊数字，这些数字只能被自身和 1 整除。

众所周知，第一个质数 2，所以这里先将 2 存入结果的列表 primes 里。虽然我们还没有学习过列表，但是你可以把它想象成是字符串，列表是与字符串类似的一种数据结构，由一连串的对象组成，而且列表左右两侧有一对方括号。代码中的 i 代表一共找到了多少个质数，因为我们已经找到了质数 2，所以 i 的默认值是 1。num 是当前需要判断是否为质数的数字，所以这里要从 3 开始继续判断。n 代表最多找到几个质数为止。接下来就是程序的主要部分——通过穷举法寻找质数的主循环。我们将会从 3 开始，接下来一次增加 1，注意判断当前这个数字是不是质数。判断质数的方法很简单，只需要判断当前的数字是否能被已经发现的质数整除即可，不能被整除的就是新的质数。而 num 则会在每一次循环结束时自增 1，已经找到的质数个数 i 则会在每一次找到新的质数时自增 1。

while 循环的终止条件是已经找到 n 个质数，在循环的一开始 flag 被赋值为 1，以表示一个新的判断质数的循环开始，接下来的 for 循环将会尝试把当前的 num 与之前找到的全部质数做取模运算，以确定当前的 num 是否为新的质数，如果不是质数，则将 flag 赋值为 0，并且中断循环，以表示当前的数字不是质数。如果当前的数字与已经发现的全部质数取模之后，没有一个能够得到整除的结果，那么就表示发现了新的质数。接下来的 if 语句则会把当前的质数存储到已经找到的质数列表 primes 中，这里使用 append() 方法向一个列表的末尾追加一个新的对象。然后让计数总计找到质数个数的 i 自增 1。最后在程序的末尾打印全部的结果，如下：

```
jilu:hook2:% python find_primes.py
[2, 3, 5, 7, 11, 13, 17, 19, 23, 29]
```

从结果可以看到，包括 2 在内已经找到了 10 个质数。这段代码很好地完成了任务。不过它只能处理 n 所指定的值，如果要重用这段代码，只能复制它们到另外一个地方。而且如果要寻找前十个非质数的数字，则只能修改代码，但实际上判断是否为质数的功能并没有改变。如果一个较大的程序需要适当的灵活性，以及与之类似却稍有不同的功能，我们将不得不维护几段几乎相同却又有所不同的代码。这是一个非常糟糕的设计，如果在编写第一段代码时有一点微小的错误到后来才发现，那么就要修改所有复制过这段代码的地方，这会给我们的程序带来极大的风险，我们可能忘记修改曾经复制过这段代码的某一处。所幸 Python 提供了一种方法可以简单地处理这种情况——函数。

3.1 函数和函数的参数

前面我们已经使用过 Python 内建的函数了，比如 print() 函数，其中 print 是函数的名字，括号中是函数的参数。下面让我们来看一下更多的 Python 内建函数吧。

```
Python 2.7.11 (default, Jan 28 2016, 13:11:18)
[GCC 4.2.1 Compatible Apple LLVM 7.0.2 (clang-700.1.81)] on darwin
Type "help", "copyright", "credits" or "license" for more information.
>>>
>>> len('abcde')
5
>>> max(2, 6)
6
>>> min(3, 8)
3
>>> sum([1, 2, 3, 4, 5, 6, 7])
28
>>> abs(-2)
2
>>>
```

在上述代码中，len 可以计算出序列类型的对象长度，比如 'abcde' 的长度就是 5。max 可以给出比较结果中较大的值，min 则相反。sum 可以累加所有的值，abs 是求绝对值，等等。更多的关于数学计算的函数包含在 math 这个模块当中，可以通过 import math 来使用，后续的章节中会做进一步的介绍。

3.1.1　定义函数

在 Python 中定义函数需要使用 def 关键字，比如我们可以定义一个计算绝对值的函数：

```
def my_abs(num):
    if num < 0:
        return -num
    return num
```

在第一行代码中，def 关键字之后的 my_abs 即为函数的名字，而括号中的 num 则是函数的参数。如果函数有多个参数，则在括号中以逗号隔开各个参数，比如在实现一个求最大值的函数时可采用如下代码：

```
def my_max(a, b):
    if a >= b:
        return a
    else:
        return b
```

这个函数中有两个参数。参数又分为实参和形参两种。比如 my_max(3, 4) 中，3 和 4 称为实参，也就是实际的参数，而定义中的 a 和 b 则称为形参，即形式上的参数。在函数的调用中，3 将会被赋值到 a 上，而 4 则会被赋值到 b 上。在函数的定义中，会根据情况决定是否需要 return 语句。对于上面两个函数，因为需要将结果传递出来，所以就需要 return 语句。return 语句是一个函数的终点，一旦一个函数执行到 return 语句，后面的语句就都不会执行了。与参数一样，return 也可以返回多个结果，比如下面这个函数：

```
def flip(x, y):
    return y, x
```

当然这个函数没有做什么复杂的事情，只是将输入的参数调换一下了顺序，如下：

```
>>> flip(1, 2)
(2, 1)
>>>
>>> a, b = flip(1, 2)
>>> a
2
>>> b
1
>>>
```

从 Python shell 的结果上来看，该函数确实 return 了两个结果，而且我们可以用两个变量来接受其返回的结果，可以看到 a 被赋值成了 2，b 被赋值成了 1。这种从函数的多个返回值中赋值的方式在 Python 中称为"序列解包"

3.1.2　关键字参数和默认参数

在 3.1.1 节中，使用的参数绑定方式称为"位置参数"，顾名思义就是根据定义和调用函数时参数的位置进行参数的赋值（也称为参数绑定）。本节将会学习另外一种参数绑定方式——关键字参数。

关键字参数是实参，它通过名称绑定到形参上，下面还是使用 flip 这个函数来演示一下关键字参数的绑定：

```
>>> flip(y=1, x=2)
(1, 2)
>>>
```

可以看到，虽然经历了 flip 函数的翻转，x 和 y 的顺序并没有改变，这是因为我们通过制定关键字参数的参数名的方式改变了参数的位置，将 1 绑定到了 y 上，2 绑定到了 x 上。而且关键字参数可以和位置参数混用，请考虑一个包含三个参数的函数，比如要定义一个my_range 函数：

```
def my_range(start=None, stop=None, step=1): # known special case of range
    """
    套用内置 range 函数
```

```
"""
    return range(start, stop, step)
```

在这个函数中我们可以看到 Python 的两种注释方式，一个是第一行末尾以"#"开头的单行注释，另外一个是由一对三引号括起来的多行注释。如果调用这个函数：

```
>>> def my_range(start=None, stop=None, step=1):
...     return range(start, stop, step)
...
>>> my_range(1, 10, step=2)
[1, 3, 5, 7, 9]
>>> my_range(1, stop=10, step=2)
[1, 3, 5, 7, 9]
>>> my_range(1, stop=10, step)
  File "<stdin>", line 1
SyntaxError: non-keyword arg after keyword arg
>>>
>>> my_range(1, 10)
[1, 2, 3, 4, 5, 6, 7, 8, 9]
>>>
```

那么，我们会发现在关键字参数后面使用位置参数时会报 SyntaxError 异常，是的，Python 不允许我们这么做！最后一个调用，利用了 Python 的默认参数这个特性，在定义函数时将 step 指定为一个默认为 1 的值，在以后的调用中，如果没有为 step 传递位置参数或关键字参数，那么程序将会使用这个默认值。

3.1.3　可变数量的参数

在 Python 中还可以定义可变数量的参数。有的时候我们不能够在一开始就确定程序参数的个数，比如前面曾经介绍过的 max() 函数，实际上能够处理超过 2 个输入参数的比较操作，像下面这样：

```
Python 2.7.11 (default, Jan 28 2016, 13:11:18)
[GCC 4.2.1 Compatible Apple LLVM 7.0.2 (clang-700.1.81)] on darwin
Type "help", "copyright", "credits" or "license" for more information.
>>> max(1, 4, 2, 6)
6
>>> max(1,4,2)
4
>>> max(1, 4, 2, 6, 8)
8
>>>
```

那么函数要如何定义才能像上面一样使用呢？示例如下：

```
>>> def func(*args, **kwargs):
```

```
...     print(args, kwargs)
...
>>> func(1, 2, 3, a=1, b=2)
((1, 2, 3), {'a': 1, 'b': 2})
>>> func(*[1, 2, 3], **{'a': 1, 'b': 2})
((1, 2, 3), {'a': 1, 'b': 2})

>>> def func1(x, y, z, a, b):
...     print((x, y, z), {'a': a, 'b': b})
...
>>> func1(*[1, 2, 3], **{'a': 1, 'b': 2})
((1, 2, 3), {'a': 1, 'b': 2})
>>>
```

这里一开始定义了一个函数，位置形参的部分是以一个"*"开头的 args，关键字形参部分是以两个"*"开始的 kwargs，这是 Python 可变数量参数的标准写法，表示任意数量的位置参数都会合并成一个元组，并绑定到 args 上，而任意数量的关键字参数则会合并成一个字典绑定到 kwargs 上。关于元组和字典会在第 5 章进行详细讲解，这里只需要知道元组是由圆括号括起来的一组连续的数据，如 (1, 2, 3)；而字典是由很多组"键：值"组成的数据结构，如 {'a': 1, 'b': 2}。在第一次调用函数 func 时就可以发现，func 打印出来的 args 和 kwargs 分别是元组和字典。而且如果原始的参数是元组（或列表）或字典，那么也可以在调用函数时在实参前对应地加上一个"*"或两个"*"，这样就可以使得实参绑定到对应的形参上。通过紧接着的第二个函数的定义 func1 可以更加清楚地看到这一点。这里一共定义了 5 个位置形参，在调用函数时，*[1, 2, 3] 会自动绑定到前三个位置参数上，而实参 {'a': 1, 'b': 2} 则按照键与关键字形参的对应关系进行了绑定，打印的结果与之前的调用方式没有任何区别。

Python 的函数中参数绑定是比较灵活的，而且函数的功能十分强大，3.2 节会讲解闭包和高阶函数。

3.1.4　递归

可能有些读者已经听说过递归了，并且一定会觉得这是个高深的话题。其实递归本来就是源于人类对生活的观察。可以考虑这样一种情况，假设一个细胞每隔 1 个小时就会分裂一次，分裂出来的细胞还会再次分裂，时间间隔同样是 1 小时，那么 10 个小时之后会有多少个细胞？

首先，得有一个基础的递归（归纳）计算，用于计算每一次细胞由 1 个分裂成 2 个。然后，有一个直接给出的终止条件，即分裂 10 次。递归主要就是由这两部分构成的，有的时候可能会更复杂一些，那也只是在这两个部分中增加一些额外的判断条件。

接下来让我们以阶乘的计算来实例演示一下递归。阶乘在数学中通常表示为"n！"，代表从 n 到 1 所有整数相乘的结果。在这里可以归纳出递归需要的两个部分：

```
1! = 1
(n + 1)! = (n + 1) * n!
```

第一个部分就是递归的终止条件，第二个部分代表递归的方法，可以通过 n！计算 (n + 1)！这样，只要逐层计算更低一级的阶乘，直到计算到 1！的终止条件为止。下面让我们用递归的方法来实现阶乘的计算：

```python
def fact(n):
    if n > 1:
        return n * fact(n - 1)
    else:
        return n
```

这个函数与上面文字所描述的结构一样，一个递归函数会在函数内部调用自身来实现递归式，当然，不要忘记最后增加一个退出条件。

3.2 闭包

请考虑下面这段代码会输出什么样的结果：

```python
i = 2
print(i)

print('*' * 20)

for i in range(10):
    print(i)

print('=' * 20)

print(i)
```

第一个 print() 等于 2 是毫无疑问的，接下来的 for 循环似乎会从 0 打印到 9，那么最后一个 i 会打印多少呢？有过其他编程语言经验的读者可能会说打印 2。但是在 Python 中，这就有些多虑了。没错，就像它看起来应该等于 for 循环最后一次打印的值一样，最后一个打印的结果是 9，读者不妨尝试一下，下面给出全部的输出结果：

```python
>>> i = 2
>>> print(i)
2
>>>
```

```
>>> print('*' * 20)
********************
>>>
>>> for i in range(10):
...     print(i)
...
0
1
2
3
4
5
6
7
8
9
>>>
>>> print('=' * 20)
====================
>>>
>>> print(i)
9
>>>
```

可能有的人还是要问，" for 循环是一个语句块，不应该在退出该语句块时销毁 i 么?"这就要从 Python 语言的作用域说起了。作用域也称为命名空间，在同一个作用域里，同名变量始终是一个值。而在 Python 中，循环并不足以创建一个新的命名空间。通常来说，Python 会从内到外逐级地搜索命名空间，而闭包则最能体现这一原则。

很多现代编程语言都或多或少地支持闭包，Java8 也在最新的版本中支持了闭包，要想理解闭包，先让我们看一个例子，见代码清单 3-2。

代码清单 3-2：closure_example.py

```
def gen_counter(name):
    count = [0]

    def counter():
        count[0] += 1
        print('Hello,', name, ',', str(count[0]) + ' access!')

    return counter


c = gen_counter('master')
c()
c()
c()
```

这个例子在函数 gen_counter 中定义了另外一个函数 counter()，并且将变量 count 赋值为"[0]"，在内部的函数中引用了 count 这个变量。现在让我们调用这个函数几次，读者可以尝试推测一下每次调用 c() 后打印的值：

```
#python closure_example.py
Hello, master , 1 access!
Hello, master , 2 access!
Hello, master , 3 access!
```

可以明显地看到，即使变量 count 的值在内部，函数 counter() 也能够访问，并且还能够修改并保存起来，下次调用时调用的次数会进行累加，这种函数引用外部自由变量，而且虽然已经离开了定义函数的环境（第一次调用 gen_counter 时），但仍然可以访问这个自由变量的特性就称为闭包，换言之闭包准确的定义就是：

在计算机科学中，闭包（Closure）又称词法闭包（Lexical Closure）或函数闭包（function closures），是引用了自由变量的函数。这个被引用的自由变量将和这个函数一同存在，即使已经离开了创造它的环境也不例外。⊖

如果不写成闭包，那么这个函数还能不能使用呢？比如像下面这样：

```
count = [0]
name = 'master'

def counter():
    count[0] += 1
    print('Hello,', name, ',', str(count[0] + ' access!')
```

运行的结果是：

```
Hello, master , 1 access!
Hello, master , 2 access!
Hello, master , 3 access!
```

很显然，结果似乎是一样的，在这个例子中并没有使用闭包，而是把 count 和 name 作为全局变量来使用的。不过这样就会存在一个问题，全局变量是很容易被修改的，如果在程序的其他地方不小心修改了全局变量，那么将会影响到这个函数的求值。而闭包则在第一次调用外层函数时就把变量和内层函数打包在一起了，而不会发生其他的意外。而且由于只有在需要的时候我们才会通过调用外层函数来定义内层函数，这就给了我们一个"惰性求值"的功能——只在需要的时候才计算，这可以节约一部分计算机性能消耗。此外，只要你愿

⊖　引自维基百科：https://zh.wikipedia.org/wiki/ 闭包 _（计算机科学）。

意，就可以在外层函数中定义多个内层函数，并且可使用其他判断条件决定在调用外层函数时哪个内层函数会被返回，而不用定义重复的变量，甚至可以在内部定义多个有依赖关系的函数共同使用一组变量。闭包可以为函数定义环境创建一个小型的命名空间，以方便我们的编程。

3.3 异常和断言

"异常"是每一个现代编程语言都拥有的机制⊖，在 Python 中更是随处可见，我们甚至经常把异常当作一种流程控制的手段，让其自己触发异常。

打开 Python shell 输入下面的语句看看会发生什么：

```
>>> a = 'ab'
>>> a[2]
Traceback (most recent call last):
  File "<stdin>", line 1, in <module>
IndexError: list index out of range
>>>
>>> 'a' + 1
Traceback (most recent call last):
  File "<stdin>", line 1, in <module>
TypeError: cannot concatenate 'str' and 'int' objects
>>>
>>> b + a
Traceback (most recent call last):
  File "<stdin>", line 1, in <module>
NameError: name 'b' is not defined
>>>
>>> int("a")
Traceback (most recent call last):
  File "<stdin>", line 1, in <module>
ValueError: invalid literal for int() with base 10: 'a'
>>>
```

上面的代码试图触发一下常见的 Python 内建异常（每一段异常信息的最后一行，冒号前的名字是异常的类型），这些异常大多是跟 Python 语义有关的异常。比如第一个是 IndexError，表示尝试获取了下标不存在的值；第二个 TypeError 表示字符串类型和证书类型不可以相加；第三个 NameError 代表我们在使用 b 之前没有定义名为 b 的变量；而最后一个 ValueError 则代表调用 int() 函数时使用了一个不支持的参数值。事实上，我们在自己编写的程序中经常会遇到这些异常，而且还要处理他们。

⊖ C 语言是没有异常机制的，所以我们很难称 C 语言为现代编程语言。

有些时候你知道某一部分代码可能会出现异常，比如下面的这段代码：

```
>>> def div(a, b):
...     return a/b
...
>>> div(1, 0)
Traceback (most recent call last):
  File "<stdin>", line 1, in <module>
  File "<stdin>", line 2, in div
ZeroDivisionError: integer division or modulo by zero
>>>
```

上面编写了一个函数 div 来执行除法计算，但是使用者并没有明确地被告知除数不能为 0，如果他不小心使用了 0 作为除数就会导致程序崩溃，这是我们不希望看到的。为了避免类似的事件发生，也可以给使用这个函数的人一些提示，比如，可以使用 Python 的异常处理机制来改写这个函数，现在这个函数修改如下：

```
>>> def div(a, b):
...     try:
...         ret = a / b
...     except ZeroDivisionError:
...         print("除数不能为 0")
...         ret = 0
...     return ret
...
>>> div(1, 0)
除数不能为 0

>>>
```

使用 try...except 语法，就像 if...else 语法一样，如果 try 中的语句正确执行，except 中的语句就不会执行。而 except 后面的 ZeroDivisionError 则是需要处理的异常类型。有些时候我们还要处理更多的异常，那么就再增加一个 except 跟上 0 个、1 个或多个异常类型，就像下面这样：

```
>>> def div(a, b):
...     try:
...         ret = a / b
...     except ZeroDivisionError:
...         print("除数不能为 0")
...         ret = 0
...     except (ValueError, NameError):
...         print("已知的异常")
...         ret = 1
...     except:
...         raise StandardError("未知的异常")
```

```
    finally:
...     print('done')
... return ret
...
>>>
>>> div('a', 1)
done
Traceback (most recent call last):
  File "<stdin>", line 1, in <module>
  File "<stdin>", line 11, in div
StandardError: 未知的异常
>>>
```

与上一段程序相比，这段程序有一点不同，即在 return 的前一行使用了 raise 来主动抛出一个异常[⊖]，其中的参数会在程序遭遇这个异常的时候打印出来。当然我们也可以通过 except 捕获自己抛出的异常。另外如果存在无论如何都要运行的语句块，也可以使用 finally。可以看到，在上例中即使最后抛出了 StandardError，也还是打印出了 done，finally 就是这样无论如何都会执行的语句。

⊖ 如果你不知道该抛出什么异常，就使用 StandardError。

第 4 章 *Chapter 4*

高级字符串处理

在数据科学的应用中，很多场景都是对字符串的处理，比如爬虫程序、统计程序，甚至自然语处理和分类、聚类程序也离不开对字符串的处理。有的读者可能听说过 Python 2 中臭名昭著的 Unicode 问题，也对字符串编码略有耳闻，并且可能在一些地方见过 UTF-8 这个字样。本章将简单介绍字符串编码的知识，并说明如何在 Python 中对各种编码进行转换，以及一些字符串对象的方法、格式化等内容。最后，还会讲解一下如何使用非常高级的正则表达式来处理复杂的字符串。希望读者看完这一章可以了解到在处理字符串的任务时，Python 所带来的巨大便利，这也是笔者选择 Python 作为数据科学的主力工具的原因之一。

4.1 字符集和字符编码

很多时候我们会看到 Python 程序文件的一开始有这样一行注释：

```
# -*- coding: utf-8 -*-
```

这其中涉及字符、字符集和字符编码等相关内容，下面先解释一下这三个概念。

❑ 字符（Character）：是各种文字和符号的总称，包括各国家文字、标点符号、图形符号、数字等。

❑ 字符集（Character set）：是多个字符的集合，字符集的种类较多，每个字符集包含的字符个数也不同，常见的字符集名称包括：ASCII 字符集、GB2312 字符集、BIG5 字符集、GB18030 字符集、Unicode 字符集等。

❑ 字符编码（Character encoding）：也称字集码，是把字符集中的字符编码为指定集合中的某一个对象（例如：比特模式、自然数序列、8 位组或电脉冲），以便在计算机中存储和通过通信网络传递文本。常见的例子包括将拉丁字母表编码成摩斯电码和 ASCII。其中，ASCII 将字母、数字和其他符号进行编号，并用 7 比特的二进制来表示这个整数。通常会额外使用一个扩充的比特，以便于以 1 个字节的方式进行存储。

 说明 简单地说，编码就是使用一个计算机能够识别的数字来代表一个文字，计算机在处理的时候不关心具体的文字，只关心文字的编码，这样就可以使用计算的方式来处理文字了。

4.1.1 ASCII 字符集和编码

在所有的字符集中，ASCII 字符集是早期计算机操作系统中的主要字符集。其主要包括控制字符（回车键、退格、换行键等）和可显示字符（英文大小写字符、阿拉伯数字和西文符号）。而 ASCII 的字符编码看起来如图 4-1 所示。

ASCII 字符集最大的缺点就是只能显示标准的 26 个拉丁字母、阿拉伯数字和英式标点，当需要显示外来语（如：café、élite）时就无能为力了，另外也不能显示东方象形文字。所以当今主流的操作系统都开始使用 Unicode 编码了。

ASCII 字符代码表 一

十进制	字符	ctrl	代码	字符解释	十进制	字符	ctrl	代码	字符解释	十进制	字符	十进制	字符	十进制	字符	十进制	字符	十进制	字符	十进制	字符	ctrl
0	BLANK NULL	^@	NUL	空	16	►	^P	DLE	数据链路转意	32		48	0	64	@	80	P	96	`	112	p	
1	☺	^A	SOH	头标开始	17	◄	^Q	DC1	设备控制 1	33	!	49	1	65	A	81	Q	97	a	113	q	
2	☻	^B	STX	正文开始	18	↕	^R	DC2	设备控制 2	34	"	50	2	66	B	82	R	98	b	114	r	
3	♥	^C	ETX	正文结束	19	‼	^S	DC3	设备控制 3	35	#	51	3	67	C	83	S	99	c	115	s	
4	♦	^D	EOT	传输结束	20	¶	^T	DC4	设备控制 4	36	$	52	4	68	D	84	T	100	d	116	t	
5	♣	^E	ENQ	查询	21	§	^U	NAK	反确认	37	%	53	5	69	E	85	U	101	e	117	u	
6	♠	^F	ACK	确认	22	▬	^V	SYN	同步闲置	38	&	54	6	70	F	86	V	102	f	118	v	
7	•	^G	BEL	震铃	23	↨	^W	ETB	传输块结束	39	'	55	7	71	G	87	W	103	g	119	w	
8	◘	^H	BS	退格	24	↑	^X	CAN	取消	40	(	56	8	72	H	88	X	104	h	120	x	
9	○	^I	TAB	水平制表符	25	↓	^Y	EM	媒体结束	41	)	57	9	73	I	89	Y	105	i	121	y	
10	◙	^J	LF	换行/新行	26	→	^Z	SUB	替换	42	*	58	:	74	J	90	Z	106	j	122	z	
11	♂	^K	VT	竖直制表符	27	←	^[	ESC	转意	43	+	59	;	75	K	91	[	107	k	123	{	
12	♀	^L	FF	换页/新页	28	∟	^\	FS	文件分隔符	44	,	60	<	76	L	92	\	108	l	124			
13	♪	^M	CR	回车	29	↔	^]	GS	组分隔符	45	-	61	=	77	M	93	]	109	m	125	}	
14	♫	^N	SO	移出	30	▲	^6	RS	记录分隔符	46	.	62	>	78	N	94	^	110	n	126	~	
15	☼	^O	SI	移入	31	▼	^-	US	单元分隔符	47	/	63	?	79	O	95	_	111	o	127		Back space

注：表中的 ASCII 字符可以用：ALT + "小键盘上的数字键" 输入

图 4-1 ASCII 字符代码表

ASCII 字符代码表　二

扩充ASCII码字符集

高四位	1000		1001		1010		1011		1100		1101		1110		1111	
	8		9		A/10		B/16		C/32		D/48		E/64		F/80	
低四位	+进制	字符	+进制	字符	+进制	字符	+进制	字符	+进制	字符	+进制	字符	+进制	字符	+进制	字符
0000　0	128	Ç	144	É	160	á	176	░	192	└	208	⊥	224	α	240	≡
0001　1	129	ü	145	æ	161	í	177	▒	193	┴	209	╤	225	ß	241	±
0010　2	130	é	146	Æ	162	ó	178	▓	194	┬	210	╥	226	Γ	242	≥
0011　3	131	â	147	ô	163	ú	179	│	195	├	211	╙	227	π	243	≤
0100　4	132	ä	148	ö	164	ñ	180	┤	196	─	212	Ô	228	Σ	244	⌠
0101　5	133	à	149	ò	166	Ñ	181	╡	197	┼	213	╒	229	σ	245	⌡
0110　6	134	å	150	û	166	ª	182	╢	198	╞	214	╓	230	μ	246	÷
0111　7	135	ç	151	ù	167	º	183	╖	199	╟	215	╫	231	τ	247	≈
1000　8	136	ê	152	ÿ	168	¿	184	╕	200	╚	216	╪	232	Φ	248	°
1001　9	137	ë	153	Ö	169	⌐	185	╣	201	╔	217	┘	233	Θ	249	∙
1010　A	138	è	154	Ü	170	¬	186	║	202	╩	218	┌	234	Ω	250	·
1011　B	139	ï	155	¢	171	½	187	╗	203	╦	219	█	235	δ	251	√
1100　C	140	î	156	£	172	¼	188	╝	204	╠	220	▄	236	∞	252	ⁿ
1101　D	141	ì	157	¥	173	¡	189	╜	205	═	221	▌	237	φ	253	²
1110　E	142	Ä	158	₧	174	«	190	╛	206	╬	222	▐	238	ε	254	■
1111　F	143	Å	159	ƒ	175	»	191	┐	207	╧	223	▀	239	∩	255	BLANK FF

注：表中的ASCII字符可以用：ALT + "小键盘上的数字键" 输入

图 4-1 （续）

4.1.2　Unicode 字符集及 UTF-8 编码

其实，在 Unicode 编码流行起来之前，很多国家为了计算机的普及都付出了努力，比如我国定制的国标编码 GB2312，我国的台湾、香港和澳门所使用的 Big5 繁体中文编码，以及日本的 Shift JIS 编码等。为了使原来只支持英文的计算机也支持本国的语言，这些国家和地区都做出了贡献。不过随着多国语言同屏显示的需求产生，一种统一的、通用的可以同时编码绝大多数语言的编码被发明了出来，这就是 Unicode 编码。

前文所说的 UTF-8 就是针对 Unicode 字符集的一种字符编码，UTF-8 可以根据不同的符号自动选择编码的长短，以提高 Unicode 的编码效率。而且 UTF-8 是 ASCII 的一个超集，一个纯 ASCII 字符串，也是一个合法的 UTF-8 字符串。说到这里，可能有些读者就要问了，既然有 UTF-8，那么有没有 UTF-16、UTF-32 呢？答案是：有。它们同样都是针对 Unicode字符集进行编码，不过各有各的特点，到今天我们几乎已经只使用 UTF-8 编码了，所以大家也不用关心其他的编码了。不过可能读者会想不到 Python 是一个相当有历史的语言，在当初发布的年代还没有 Unicode 编码，所以 Python 2.7 [⊖] 到现在为止的默认编码仍然是 ASCII，这就又回到了本章开头的部分——也就说明了为什么要在程序文件的一开始增加：

```
# -*- coding: utf-8 -*-
```

⊖　Python 3 就不再需要了，因为 Python 3 默认使用 UTF-8 编码。

这样一行注释是告诉 Python 解释器，这个文件需要以 UTF-8 的编码方式解码，这样才能够在程序中使用非 ASCII 字符，比如中文字符：

```
>>> ord("a")
97
>>>
>>> chr(97)
'a'
>>>
>>> u' 我 '
u'\u6211'
>>>
>>> u' 我 '.encode('utf-8')
'\xe6\x88\x91'
>>>
>>> u' 我 '.encode('GBK')
'\xce\xd2'
>>>
>>> ' 我 '.encode('utf-8')
Traceback (most recent call last):
  File "<stdin>", line 1, in <module>
UnicodeDecodeError: 'ascii' codec can't decode byte 0xe6 in position 0:
ordinal not in range(128)
>>>
```

在 Python 中，内建的 ord 函数可以打印一个 ASCII 字符的 ASCII 编码；反之，使用 chr 也可以将一个 ASCII 编码还原为 ASCII 字符。而在一个中文字符，或者字符串前面增加一个小写字母 u 则表示这是 Unicode 字符集中的一个字符。直接在 Python shell 中打印则可以查看其默认的 Unicode 编码，而使用字符串的 encode() 方法可以将其编码为 Python 支持的任意字符编码，上面的例子中还展示了"我"的 UTF-8 编码和 GBK 编码。

如果忘记了在中文字符串前面加 u，那么会发生什么情况呢？在 Python shell 中会直接报 UnicodeDecodeError 的错误。但在 Python 脚本文件中，因为已经在文件的一开始增加了 UTF-8 编码的注释行，所以即便不在中文字符串前增加 u，程序也可以正常运行。

如果你使用的是 Windows 系统，而不是 Linux 或 Mac OS X 系统，那么很多由系统工具（如记事本）生成的文件可能不是 UTF-8 编码的，而是 GBK 编码。如果读取 Windows 中的文件时产生了乱码，可以尝试使用 decode('GBK') 将 GBK 编码的字符串转换成 Unicode 编码的字符串，就像下面的这样：

```
gbk_string.decode("utf-8")
```

4.2　字符串操作和格式化

4.1 节讲了字符串编码，希望能够帮助读者在遇到字符串的麻烦时有一个基本的解决思路。在数据科学中，往往一开始的第一步就是清洗数据，在对结构化的或是非结构化的文本数据进行清洗时，总是会涉及分割文本 – 提取有效文本 – 合成新文本的流程，本节就将讲解关于字符串的操作。

4.2.1　字符串的基本操作

对于从文件中读取的字符串，最基本的操作就是去除字符串前后的空白字符，比如换行符 "\n"，为了实现这个功能，可以使用字符串方法中的 strip() 函数，这个函数会移除字符串两侧的所有空白符，如下所示：

```
>>> ' abcde\n'.strip()
'abcde'
```

下面这几个例子展示的是如何使用 Python 的字符串方法改变字符串的大小写表达。capitalize() 函数可以使字符串的首字母大写，lower() 则使全部字符串保持小写，title() 则会像一个英文标题一样格式化整个字符串，即将每个单词的首字母大写，而 upper() 则会将全部的字母转换成大写字母：

```
>>> 'abcde'.capitalize()
'Abcde'
>>>
>>> 'ABCDE'.lower()
'abcde'
>>>
>>>>>> 'abcde figh'.title()
'Abcde Figh'
>>>
>>> 'abcde'.upper()
'ABCDE'。
```

下面的例子是展示 Python 字符串方法中可以判断字符串特性的几个具有代表性的方法。其中 isalnum() 方法可以在字符串中包含字母或数字时给出 True 的结果，而 isdigit 则会在字符串中只包含数字时给出 True 的结果，至于 startswith() 和 endswith()，顾名思义就是字符串以其参数为开始或结尾时返回 true 值：

```
>>> 'abcde123'.isalnum()
True
>>>
>>> 'abcde'.isdigit()
```

```
False
>>>
>>> 'abcde'.startswith('ab')
True
>>>
>>> 'abcde'.endswith('de')
True
>>>
```

下面的第一个字符串方法是查找"bc"第一次出现的位置，而第二个方法则是将元字符串的"bc"替换成"fg"，再返回新生成的字符串：

```
>>> 'abcde'.index('bc')
1
>>>
>>> 'abcde'.replace('bc', 'fg')
'afgde'
>>>
```

4.2.2　字符串分割

对于常见的逗号分隔值来说，可以使用 split() 方法实现分割，就像下面一样：

```
>>> '1,2,3,4,5,6,7,8'.split(',')
['1', '2', '3', '4', '5', '6', '7', '8']
>>>
>>> '1,2,3,4,5,6,7,8'.split(',', 1)
['1', '2,3,4,5,6,7,8']
>>>
>>> '1,2,3,4,5,6,7,8'.split(',', 3)
['1', '2', '3', '4,5,6,7,8']
>>>
>>> '1,2,3,4,5,6,7,8'.rsplit(',', 1)
['1,2,3,4,5,6,7', '8']
>>>
```

split 是以第一个参数为分割符，从字符串的左侧将字符串切割成一个字符串的列表，另外 split 还可以支持第二个参数，这个参数的值代表切到第几个分割符为止。紧接着的两个例子则分别以 1 和 3 作为 split 的第二个参数，结果就像大家见到的那样。要注意的是，split 还有一个从右侧开始切分的版本，即在 split 的前面加上一个 r，写作 rsplit()。

4.2.3　字符串格式化

我们学习了字符串的分割，当然就要学习如何拼接字符串，除了在第 2 章学习的简单地使用加法运算符去拼接字符串以外，还有更高级的方法。Python 有两种字符串格式化的方式，一种是通过"%"，另外一种是通过字符串方法 format()。在日常使用中，两者之间的区别不是很大。当然我更推荐后者，因为 Python 中的方法可以有序列解包的支持，使用起来更加灵活，下面会采用对比的方式来介绍两种字符串格式化的方法：

```
>>> name = 'jilu'
>>> age = 27
>>>
>>> '{0} is {1} years old.'.format(name, age)
'jilu is 27 years old.'
>>> '%s is %d years old.' % (name, age)
'jilu is 27 years old.'
>>>
>>> '{} is a boy.'.format(name)
'jilu is a boy.'
>>> '%s is a boy.' % name
'jilu is a boy.'
>>>
>>> '{0:.3} is a decimal.'.format(1/3.0)
'0.333 is a decimal.'
>>> '%.3f is a decimal.' % float(1/3.0)
'0.333333.3 is a decimal.'
>>>
>>> '{first} is as {second}.'.format(first=name, second='magi')
'jilu is as magi.'
>>> '%s is as %s.' % (name, 'magi')
'jilu is as magi.'
>>>
```

在上面的代码中，第一个例子是让 name 和 age 按照对应的位置被替换到 {0} 和 {1} 上，其实我们改变 0 和 1 的顺序就能够调换 name 和 age 的位置，而后面使用 %s ⊖ 则只能按照参数的实际位置进行替换。下一组例子中 {} 中并没有数字，此时使用 format() 方法与 % 的功能完全相同，第三组例子中展示了两种字符串格式化的方法如何保留浮点数的精度。最后一组例子则展示了 format() 独有的字符串格式化方法，即根据关键字参数名字的方式进行格式化。

4.3 正则表达式

正则表达式本身是一种小型的、高度专业化的语言，在任何常见的语言中，只要这门语言能够处理字符串，就都应当包含正则表达式。在 Python 中正则表达式是通过标准库 re 实

⊖ 对于使用 % 的格式化方法，%s 需要使用字符串进行替换，%d 需要使用整数进行替换，%f 需要使用浮点数进行替换，而 %.3f 中的".3"则代表保留几位小数。相比之下使用 format() 进行格式化则不必在 {} 中表明使用什么类型的参数。

现的。所谓的正则表达式，就是可以使用一个规则来表示一段文本，比如一个合法的邮箱，或者一个正确的手机号码应该具备的形式和结构。我们可以通过正则表达式从一段很长的文本中提取出想要的模式的文本，或者用来判断某个文本是否符合某种规则，这些功能常用于数据清洗。

4.3.1 正则表达式入门

让我们从一个例子开始，这样可以容易一些。首先，获取一个文本，打开任意一个网页，比如 https://news.ycombinator.com/，右击网页空白处并选择"存储为"（或者同时按下键盘上的 Ctrl+S），将网页保存成"仅 HTML"，如图 4-2 所示。

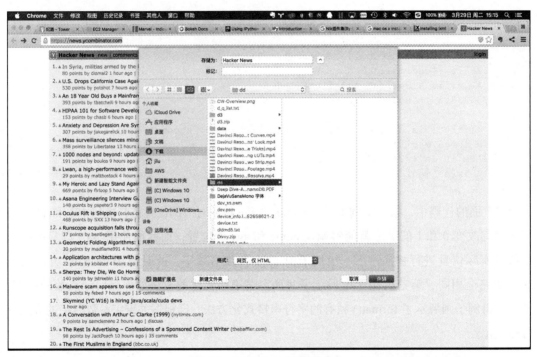

图 4-2 将 HTML 保存到本地

然后我们就会得到一个 HTML 文件，使用 Sublime Text 打开之后，就可以看到其中的 HTML 文本，如图 4-3 所示。

在打开 HTML 文件之后，同时按下键盘上的 Ctrl+F 就可以打开一个查找框，就像图 4-3 中底部的查找框一样。同时请确保查找框左侧的正则表达式功能处于开启状态，如图 4-4 所示。

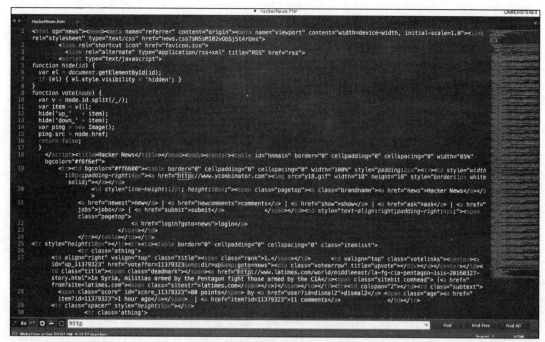

图 4-3　纯文本形式的 HTML

在图 4-4 中，一个点号和星号组成的按键即正则表达式激活的开关。现在在搜索框中输入"http"，就会查找出这个文本文件中所有的"http"字符，并以一个白框高亮地显

图 4-4　Sublime Text 搜索框示例

示出来。其中 http 就是一个最简单的正则表达式，实际上除了一些被称为"元字符"的字符之外，大多数字母、数字和字符都会与它自己相匹配。这里有一个完整的元字符列表：

. ^ $ * + ? {} [ ] \ | ( )

上面的字符并不会和它们自身相匹配，而是有别的含义，比如当我们在搜索框中只输入一个"."时，你会发现它可以匹配任何一个字符，而不是点符号。因为在正则表达式中"."是一个元字符，代表任意字符。想要精确地匹配点符号，需要使用另外一个元字符"\"，即将它加在点号前。以"\."的形式再搜索一次，这一次就会只匹配到点号了。如果想要匹配其他的元字符也需要在前面加上一个"\"。而"\"则是作为"转义符"的元字符的，表示在它后面的某个符号失去了元字符的功能，或者是某个字母可以匹配更多的字符。比如下面的这个列表：

```
\d  匹配任何十进制数；它相当于 [0-9]。
\D  匹配任何非数字字符；它相当于 [^0-9]。
\s  匹配任何空白字符；它相当于 [\t\n\r\f\v]。
```

```
\S    匹配任何非空白字符；它相当于 [^\t\n\r\f\v]。
\w    匹配任何字母数字字符；它相当于 [a-zA-Z0-9_]。
\W    匹配任何非字母数字字符；它相当于 [^a-zA-Z0-9_]。
```

举个例子，"\d"代表任意十进制数字，其效果相当于"[0-9]"的正则表达式。我们可以在 Sublime Text 的搜索框中输入这两个正则表达式，查看匹配的情况。不过现在要继续介绍"[]"元字符——它通常代表的是一类字符，比如 [123] 将匹配"a"、"b"、"c"中的任意一个字符，也可以使用"-"表示区间，所以 [1-3] 与 [123] 的匹配效果是一样的。

在我们的 HTML 文件中有很多 8 位的数字，如果想匹配这些数字可以使用下面的正则表达式：

```
\d\d\d\d\d\d\d\d
```

不过这既不优雅也容易出错，这时表示重复功能的元字符就派上用场了。第一个要讲的具有重复功能的元字符就是"*"，它表示匹配前面一个字符 0 到无穷多次。举个例子，正则表达式"1*1"将会匹配"11"、"111"、"1111"等，中间有多少个"1"都无所谓。所以我们管"*"叫作贪婪的匹配。另外一个表示重复的元字符是"+"，表示匹配 1 次到无穷多次。此外，还有"?"表示匹配 0 次到 1 次，最复杂的表示重复的元字符就是"{}"，举例来说"{8}"表示前面的字符匹配 8 次，"{4,8}"表示前面的字符匹配 4 到 8 次之间的任意次数都是可以的。前面的那个匹配数字 8 次的例子现在可以使用下面的正则表达式来表达：

```
\d{8}
```

读者可以尝试使用"\d*"、"\d+"或"\d?"来匹配文本，不过你肯定会发现这几种方法都没有"\d{8}"完美，它们总是会匹配更多或更少的字符。

如果在仔细地观察了 HTML 文本之后，想把其中的网址全部提取出来，以用作后续的处理，那该怎么办呢？在 HTML 文件中网址的正则表达式应该怎样表达呢？首先，可以尝试查找包含"http"的字符，如果你使用本书附带的源文件就会得到 32 个匹配的结果，如果你是自己下载的网页，请记住你的结果，后文会有使用。我们会发现大多数的网址都包含在一对引号中以 http:// 开头，因此可以尝试下面这个正则表达式：

```
"http://.*?"
```

这个正则表达式会匹配一对引号中以 http:// 开头、后面是任意字符的字符串，由于英文不区分正引号和反引号，所以可使用非贪婪匹配的元字符"?"来表示，它会在一个引号之后匹配到最近的一个引号，且不会再匹配更多。从结果上看，我们确实匹配到了大量的网址，不过似乎数量有些不对，只匹配到了 20 个，那剩下的 12 个去哪里了？经过仔细地分析，可以发现原来里面有些是以 https:// 开头的网址。现在要加上一个表示分歧条件的元字

符"|"，参考下面的正则表达式：

```
"http://.*?"|"https://.*?"
```

其中"|"表示任意一组正则表达式匹配上了就可以，如果有多个规则，那么可以使用多个"|"分隔。

最后一个要讲的元字符是"()"，它表示分组。假设我们要匹配一些 IP，下面来看一个典型的 IP——192.168.0.1，可以看到 IP 是由 4 组"\d{1,3}"组成的字符串，为了不使匹配 IP 的正则表达式写成下面的样子：

```
\d{1,3}\.\d{1,3}\.\d{1,3}\.\d{1,3}
```

可以使用"()"进行分组，这样我们就可以对分组之后的正则表达式再次使用"{}"了，就像下面这个正则表达式这样：

```
(\d{1,3}\.){3}\d{1,3}
```

看上去简洁了不少，而且更不容易出错了。

除了上面详细讲解的几个元字符之外，还有另外几个在数据处理中不太常用的元字符，比如"^"表示从每一行的开始进行匹配；"$"表示匹配到行尾。所以想要匹配一整行数据可以使用"^.*$"这个正则表达式，不过在使用 Python 处理时这并没有什么意义。我们可以使用 Python 中字符串方法 split("\n") 来对行进行切分。另外还有匹配单个单词的"b"，比如想要在正常文章的文本中匹配"world"这个单词，可以使用"\bworld\b"这个正则表达式，不过在 Python 中只需要使用 split(" ") 对空格进行切分就可以了。还有反义匹配，"[^x]"正则表达式表示除了 x 之外，其他字符都能匹配，但是我们很少使用反义匹配，所以这几个"元字符"读者只要稍微了解即可。下面就来讲解如何在 Python 中使用正则表达式。

4.3.2　在 Python 中使用正则表达式

要在 Python 中使用正则表达式，需要导入 re 模块：

```
import re
```

最基本的一个步骤就是创建一个正则表达式的实例：

```
p = re.compile('"(https?://.*?)"')
```

这个正则表达式匹配的模式与""http://.*?"|"https://.*?""是完全相同的，只不过是一个更加简洁的方式。在 Python 中创建正则表达式时还可以添加其他的参数，比如：

```
p = re.compile('"(https?://.*?)"', re.IGNORECASE)
```

第二个参数代表忽略大小写，其中 re.IGNORECASE 也可以简写成 re.I，这个参数还可以有其他的值，这些值的一个列表如表 4-1 所示。

表 4-1 re 模块在编译正则表达式时可以使用的参数

标志，简写	含义
DOTALL, S	使 "." 匹配包括换行在内的所有字符
IGNORECASE, I	使匹配对大小写不敏感
LOCALE, L	做本地化识别匹配
MULTILINE, M	多行匹配，影响 "^" 和 "$"
VERBOSE, X	能够使用 re 模块的 verbose 状态，使之被组织得更清晰易懂

通常我们只是用 re.IGNORECASE，对于需要更高的正则表达式用法的读者可以自行查找其他的资料。

现在我们可以给出一个完整的例子了，见代码清单 4-1。

代码清单 4-1：re_tutorial.py

```
# ! /usr/bin/python
# -*- coding: utf-8 -*-

from __future__ import print_function
import re

p = re.compile('"(https?://.*?)"', re.I)

with open('/Users/jilu/Downloads/HackerNews.htm', 'r') as fr:
    doc = fr.read()

for i in p.findall(doc):
    print(i)
```

上面的代码表示使用正则表达式对象的 findall() 方法将符合模式的全部结果都查找出来，然后打印，其运行结果如下：

```
http://www.ycombinator.com
http://www.latimes.com/world/middleeast/la-fg-cia-pentagon-isis-20160327-
story.html
http://www.bloomberg.com/news/articles/2016-03-28/u-s-drops-california-case-
against-apple-after-accessing-iphone
https://www.youtube.com/watch?v=45X4VP8CGtk
...
```

这里省略了大部分的结果，以减少篇幅。不过从结果上来看，我们达到了想要的效果。除了 findall() 方法，正则表达式对象还有几个方法可以使用，具体如表 4-2 所示。

表 4-2　re 模块中常用的匹配字符串方法

方法 / 属性	作用
match()	决定 RE 是否在字符串刚开始的位置匹配
search()	扫描字符串，找到 RE 匹配的位置
findall()	找到 RE 匹配的所有子串，并把它们作为一个列表返回
finditer()	找到 RE 匹配的所有子串，并把它们作为一个迭代器返回

试试这些方法，很快就能理解它们的功能，比如：

```
>>> import re
>>> p = re.compile('[a-z]+')
>>> m = p.match('tutorial')
>>> m.group()   # 匹配到的字符串
'tutorial'
>>> m.start()   # 匹配到的字符串开始的位置
0
>>> m.end()   # 匹配到的字符串结束的位置
8
>>> m.span()   # 返回一个元组包含匹配到的字符串（开始，结束）的位置
(0, 8)
>>>
```

search() 与 match() 的功能类似，finditer() 的功能与 findall() 的功能类似，只不过 finditer() 只能迭代取出结果。

Chapter 3 第 5 章

容器和 collections

到目前为止，我们所使用的数据类型都是比较简单的类型，比如：数字、浮点型、字符串等，这种类型被称作标量类型。Python 中还有一种类型，它们有可以访问的内部结构，可以装下其他类型对象的类型，我们将其称作非标量类型，而这些类型的对象称为容器。在 Python 中数据的组合几乎没有任何限制，甚至还可以将一个容器放在另外一个容器中，不同的类型或容器也可以混合放入另外一个容器中。通常可以使用下标或键对容器中的对象进行访问。

本章会介绍 4 类基本的容器类型，分别是：元组（tuple），和字符串很相似，是不可变类型；另外三个是列表（list）、字典（dict）和集合（set），它们是可变类型，也是比较常用的类型。除此之外还会介绍 Python 标准库模块 collections 中的几个常用类型：namedtuple、Counter、defaultdict、OrderedDict。

5.1　元组

元组与字符串一样是一个有序的序列，并且一旦生成，就不可以改变其中的内容了，在 Python 中元组也是为数不多的不可变对象。只不过元组中的对象可以是任意类型，也可以是不同类型的混合。

元组在声明或定义时使用圆括号，并且使用逗号进行分隔，比如：

```
>>> t1 = (1, 2, 3)
>>> t1
```

```
(1, 2, 3)
>>>
>>> t2 = ('a', 4, True)
>>> t2
('a', 4, True)
>>>
```

很多人在看过元组的定义方式之后，都会不假思索地认为只包含一个元素的元组应该写作 (1)，但实际上这是不对的，括号会作为表达式被求值，在此处这个括号不是必需的，增加这个括号只不过是为了避免歧义。最终的结果只能是 1，而不是包含 1 的元组。如果我们想要构建只包含一个值的元组，需要在右括号前增加一个逗号，写作 "1"。

元组的连接与切片、字符串的连接基本一致[⊖]，第 2 章我们已经学过关于字符串的操作了，这里再介绍一遍元组的版本：

```
>>> t1 = (1, 2, 3)
>>> t1
(1, 2, 3)
>>> t2 = ('a', 4, True)
>>>
>>> t1 + t2
(1, 2, 3, 'a', 4, True)
>>> t1[1]
2
>>> t2[1:2]
(4,)
>>>
```

我们还可以将一个元组放入另外一个元组中，就像下面这样：

```
>>> t3 = (1, t2, 'b')
>>> t3
(1, ('a', 4, True), 'b')
>>>
>>> t4 = (t1, 'c', t3)
>>> t4
((1, 2, 3), 'c', (1, ('a', 4, True), 'b'))
>>>
```

前面几章已经使用过好几次 Python 的序列解包，事实上，元组也可以使用序列解包，或者称为多重复值，示例如下：

```
>>> a, b, c = (1, t2, 'b')
>>> a
1
>>> b
('a', 4, True)
```

⊖　实际上 Python 中大多数序列类型的操作都很类似。

```
>>> c
'b'
>>>
```

另外，Python 中序列类型的对象都实现了 Python 的迭代器协议，支持 for 循环，示例如下：

```
>>> for item in t4:
...     print(item)
...
(1, 2, 3)
c
(1, ('a', 4, True), 'b')
>>>
```

Python 中的 for 循环基本上是为序列类型而设计的，用于遍历序列类型中的元素，并且在达到迭代尾端的时候自动停止。

5.2　列表

类似于元组和字符串，列表也是序列类型的对象，每个值可以由一个下标取出。在表达上，不同之处在于列表是使用方括号声明的，举例来说：

```
>>> a = [1, 2, 3]
>>> a[2]
3
>>>
```

虽然看起来列表也没有什么特别的，不过列表却是我们最常用的序列型数据结构，因为列表有一个重要的特性——可变性，列表中某个特定位置的值可以原地更改，列表的长度也可以随意改变。而我们之前学过的数据类型，包括元组、整数、浮点数、字符串等都是不可变类型。通过下面的代码可以理解列表的可变性：

```
>>> l1 = [1, 2, 3]
>>> l1
[1, 2, 3]
>>>
>>> l1[2] = True
>>> l1
[1, 2, True]
>>>
>>> l1.append('a')
>>> l1
[1, 2, True, 'a']
>>>
```

```
>>> l1.insert(0, 'abc')
>>> l1
['abc', 1, 2, True, 'a']
>>>
>>> l1.pop(0)
'abc'
>>> l1
[1, 2, True, 'a']
>>>
>>> l2 = ['a', 'b']
>>> l1.append(l2)
>>> l1
[1, 2, True, 'a', ['a', 'b']]
>>> l2[0] = False
>>> l1
[1, 2, True, 'a', [False, 'b']]
>>>
```

　　上面的代码先定义了列表 l1，然后使用下标的方式修改列表 l1 中下标为 2 的值为 True，实际上这相当于我们为列表 l1 下标为 2 的位置重新赋了值（还记得 Python 中赋值传递的是引用，而不是实际的值了么？后面会举例详细讲解）。我们还可以使用 append() 方法在列表 l1 的末尾追加一个 'a'。接下来使用 insert() 方法为在列表中下标为 0 的位置前面插入一个值 'abc'，insert() 方法需要两个参数，第一个参数表示在下标为这个值的前一个位置插入新值，第二个参数就是需要插入的值了。而且 append() 和 insert() 这两个方法是没有返回值的，因为这两个方法会原地修改原来的列表⊖，没有返回值是为了防止用户误以为原来的值没有被修改。列表的 pop() 方法可以删除列表中某个特定下标的值，与前面的方法不同，pop() 方法是有返回值的，返回值是被删除的值，而不是新的列表（因为这同样是有副作用的函数）。

　　列表还可以使用一些运算符进行计算，比如：

```
a = ["b", "a", "h", "d"]
b = [1, 2, 3, 4]
print(a + b)

c = []
c.extend(a)
c.extend(b)
print(c)

print(a * 3)
```

上面的代码运行的结果如下：

⊖　这种方法称为有"副作用"的方法。

```
['b', 'a', 'h', 'd', 1, 2, 3, 4]
['b', 'a', 'h', 'd', 1, 2, 3, 4]
['b', 'a', 'h', 'd', 'b', 'a', 'h', 'd', 'b', 'a', 'h', 'd']
```

两个列表可以使用 "+" 运算符进行拼接[⊖]，并且返回一个新的列表，这与字符串的加法是一样的。除了这种方式之外，我们还可以使用列表的 extend() 方法，将一个列表中的每一个值都追加到另外一个列表的尾部，最终所得到的结果与列表加法类似，只不过与 append() 方法一样，extend() 方法也是原地修改列表，并且没有返回值。

5.2.1 引用传递

还记得前面说过 Python 中的赋值都是传递引用[⊜]的么？假设定义了 l2 是一个新的列表，然后将 l2 添加到 l1 中，数据的引用结构就如图 5-1 所示的一样。那么，当我们将 l2 中的值从 'a' 修改为 False 时，l1 中的值也发生改变了。

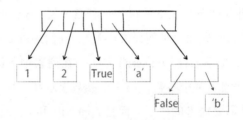

图 5-1   Python 对象引用示意图

因为 Python 赋值只是传递引用，所以当我们想要复制整个列表时是不能直接赋值的，可以考虑下面的这个例子：

```
>>> a = [1, 2, 3]
>>> b = a
>>> a[1] = True
>>> b
[1, True, 3]
>>> a
[1, True, 3]
>>>
```

如大家所料，在改变列表 a 中的某个值时，b 也改变了，如下：

```
>>> a = [1, 2, 3]
>>> c = a[:]
```

⊖ 元组也可以，但元组没有 append() 和 extend() 方法。

⊜ 也就是说，在 Python 中赋值只是告诉这个变量去哪里能找到真正的值，而并不是给这个变量建立一个新的值。

```
>>>
>>> a[0] = True
>>> c
[1, 2, 3]
>>>
>>> b = [a, 4, 5]
>>> b
[[True, 2, 3], 4, 5]
>>> c = b[:]
>>> a[2] = False
>>> c
[[True, 2, False], 4, 5]
>>>
>>> from copy import deepcopy
>>> d = deepcopy(c)
>>> a[1] = 'a'
>>> d
[[True, 2, False], 4, 5]
>>>
```

我们可以使用"切片克隆"（a[:]）的方式对一个列表进行"浅拷贝"，浅拷贝完成之后，如若修改 a[0]，则 c 不会被一同修改了。不过仍要注意的是，列表中嵌套的其他数据结构还是以引用状态存在的，比如定义的 b 列表被浅拷贝给 c 之后，修改 a 仍然会导致 c 的改变，这时可使用标准库模块 copy 中的 deepcopy 来递归复制 c 中所有的元素给 d，这样一来，再修改任何 a、b、c 中的值时都不会影响 d 的值了。

5.2.2　列表解析式

Python 中的列表除了 5.2 节中所讲的一种构造方式以外，还有另外一种构造方式，叫作列表解析式，这是一种能够将一个函数作用到整个列表中每一个元素上的方式，并且它会将结果构造成一个新的列表返回，比如，生成一个偶数的数列，可采用如下代码：

```
>>> [x*2 for x in range(1, 8)]
[2, 4, 6, 8, 10, 12, 14]
>>>
```

就像普通的 for 循环一样，我们在列表中的开始部分调用了一个函数，让它使用列表⊖中的每个元素作为变量。有的时候，可能会看到有程序员会使用 map() 函数代替列表解析的功能，但这么做并不是最好的选择，还是推荐使用列表解析，因为这样代码会更加清晰。

⊖　希望读者还记得 range(1, 8) 会生成列表 [1, 2, 3, 4, 5, 6, 7]。

5.3 字典

Python 中的字典类型在其他语言中被称为散列表，整个字典是由 key: value 对通过花括号组成的无序结构，我们可以通过 key 方便地获取对应的 value，比如：

```
>>> d = {"a": 1, "b": 2}
>>> d
{'a': 1, 'b': 2}
>>> d["a"]
1
>>> d.get("b")
2
>>>
```

除了直接定义一个字典之外，还有另外两种方式可以定义一个字典，一是增量构建，二是 dict() 函数构建，下面让我们一个一个地来，示例代码如下：

```
d = {}
for x in ["b", "a", "h", "d"]:
    d[x] = 1
print(d)

tuple_list = zip(["b", "a", "h", "d"], [1]*4)
d = dict(tuple_list)
print(d)
```

运行上面的代码，输出的结果是：

```
{'a': 1, 'h': 1, 'b': 1, 'd': 1}
{'a': 1, 'h': 1, 'b': 1, 'd': 1}
```

两种方式打印的值完全相同，上面第一个例子直接为字典的某一个键进行了赋值，因此可以增量地构建字典[⊖]。第二个例子通过给 dict() 函数传入一个由键值对元组组成的列表来构建字典，其中 zip() 函数可以将两个或多个列表按照对应项合并成元组的列表，比如上面 tuple_list 的打印值就是：

```
[('b', 1), ('a', 1), ('h', 1), ('d', 1)]
```

需要注意的是，如果两个列表的长度不同，那么该函数会按照短的列表去截取长的列表，并不会有任何提示，在使用时需要小心不要丢失数据。

与列表类似，我们可以通过方括号的表达式获取字典中的值，只不过这次不再使用下标[⊜]，而是直接使用 key 来获取其中的值。另外字典也是可以迭代的结构，对一个字典迭代

⊖ 因为字典是可变的数据结构。

⊜ 因为字典是无序的结构，实际上也是没有下标的。

实际上也就是对字典的 key 进行迭代，示例如下：

```
>>> for k in d:
...     print(k)
...
a
b
>>> for k in d:
...     print(k, d[k])
...
('a', 1)
('b', 2)
>>> for k, v in d.items():
...     print(k, v)
...
('a', 1)
('b', 2)
>>> d.keys()
['a', 'b']
>>> d.values()
[1, 2]
>>>
```

除了通过对字典的 key 进行迭代，还可以使用字典的 items() 方法，同时对 key 和 value 进行迭代。而且如果想要列出全部的字典键和字典值，还可以使用字典的 keys() 方法和 values() 方法。在数据科学中，字典是一种非常关键的数据结构，其在每个环节都有实际的应用，比如将一段文本中的英文月份翻译为数字表达则为：

```
>> monthNumbers = {"Jan": 1, "Feb": 2, "Mar": 3, "Apr": 4, "May": 5}
>>> print(" 我的生日是在 {May} 月 ".format(**monthNumbers))
我的生日是在 5 月
>>>
```

或者存储一段复杂的数据结构：

```
d = {
    "query" : {
        "filtered" : {
            "query" : {
                "match_all" : {}
            },
            "filter" : {
                "term" : {
                    "uid": 2065494037
                }
            }
        }
    }
}
```

比如我们想要获取 match_all 这个字典的内容时，可以使用下面这样的链式调用：

```
d.get("query", {}).get("filtered", {}).get("query", {}).get("match_all")
```

字典的 get 方法中的第一个参数是需要获取的 key，第二个参数是如果 key 不存在所返回的默认值，那么在链式调用时，为了防止某个 key 不存在，可将所有中间值的默认返回值都设为空字典，这样获取值时就不容易出错了。另外字典是可变类型的对象，所以可以修改、增加或删除键值对。想要修改、增加或删除键值对也是非常简单的，就像下面这样：

```
>>> d
{'a': 1, 'b': 2}
>>> d["a"] = True
>>> d["c"] = 3
>>> d
{'a': True, 'c': 3, 'b': 2}
>>> d.pop("b")
2
>>> d
{'a': True, 'c': 3}
>>>
```

即只需要进行一个复制操作 d[key] = val 即可，如果 key 已经存在就用新的值覆盖旧的值，如果不存在就创建一个新的 key，删除也只需要使用字典的 pop() 方法。另外，要知道，字典是不支持加法操作的，如果要合并两个字典，则要使用字典的 update() 方法。需要注意的是，如果 update() 方法的参数中有重复的 key，那么结果的字典中相应的 key 值会被参数中这个 key 的值所覆盖，示例如下：

```
>>> d
{'a': True, 'c': 3}
>>> d2 = {1: "a", "a": 100}
>>> d.update(d2)
>>> d
{'a': 100, 1: 'a', 'c': 3}
>>>
```

更为方便的是，实际上字典的键可以是任何不可变的类型，比如前面刚刚用到的字符串和整数类型⊖，不知道读者是否还记得本章一开篇就介绍的元组类型，它也是一种不可变的类型，所以 Python 中的字典实际上是可以这样定义的：

```
>>> d3 = {("name", "age"): 10, ("sex", "location"): 20}
>>> d3
{('sex', 'location'): 20, ('name', 'age'): 10}
>>>
```

⊖ 还记得 Python 中的字符串和整数是不可变类型么？

在使用 Python 进行统计编程时，这也是非重要的一个功能，我们可以用这个功能模拟 group by 的效果。

5.4　collections

collections 是 Python 标准库的一部分，可以通过：

```
import collections
```

来使用这个标准库。这个库中定义了几个方便的数据结构，可以极大地提高处理数据时的效率。

5.4.1　namedtuple

namedtuple 有一个好听的中文名字，叫作"具名元组"，代表这是一个每个值都有名字的元组，比如有如下这样一个元组：

```
t = ('jilu', '27', 'Beijing')
```

在使用这个元组时，我不得不使用下标来取值，比如取我的名字时使用 t[0]，这样不仅麻烦，而且还增加了记忆负担。那么给每个值都起一个名字，取值的时候不就方便了么？因此，也就有了字典这个数据结构，就像下面这样：

```
>>> kt = ("name", "age", "loc")
>>> d4 = dict(zip(kt, t))
>>> d4
{'loc': 'Beijing', 'age': '27', 'name': 'jilu'}
>>>
```

这里用的是另外一种定义字典的方式，该方法结合使用了 zip() 和 dict() 这两个方法，即将一个 keys 的元组与一个 values 的元组结合成一个字典。至于 zip 的功能，读者不妨自己尝试一下。现在取我的名字时就可以通过 d4["name"] 或 d4("name") 来取得了。不过这样还是很麻烦，因为要打一对括号和引号，而且实际上 Python 字典存储数据的空间利用率只有一半，那么有没有更好的方法呢？有，那就是具名元组，可以通过定义一个具名元组来实现，示例如下：

```
>>> from collections import namedtuple
>>> nt = namedtuple('nt', 'name age loc')
>>> nt1 = nt('jilu', '27', 'Beijing')
>>> nt1
nt(name='jilu', age='27', loc='Beijing')
```

```
>>> nt1.name
'jilu'
>>>
```

在定义具名元组时，namedtuple 的第一个参数是元组的名字，它的一半与需要赋值的变量一致，这里都是"nt"。第二个参数是与要定义的元组结构一一对应的 key 值，比如第一个是 name 所对应的 jilu 这个值。在经过这样一番定义之后，就可以通过点操作符来获取我们想要的 key 值了，比如这里的 nt1.name。

5.4.2 Counter

Counter 是一个累加器，可以用来做经典的 word count，比如：

```
>>> doc = """"Just when you thought it was safe to go to the deepest part of
the ocean…it isn't. It's really hard, don't go
there. But if you did get to Challenger Deep in the Mariana Trench, thought to
be one of the deepest parts of the ocean, wh
at you heard might scare your waterproof socks off."""
>>>
>>> word_list = doc.split()
>>> from collections import Counter
>>> cc = Counter(word_list)
>>> cc
Counter({'the': 5, 'to': 4, 'you': 3, 'of': 3, 'go': 2, 'deepest': 2,
'thought': 2, 'it': 1, 'socks': 1, 'It\xe2\x80\x99s': 1, ...
>>>
>>> for k, v in cc.most_common():
...     print(k, v)
...
('the', 5)
('to', 4)
('you', 3)
('of', 3)
('go', 2)
...
>>>
```

可以看到，一个 Counter 对象与字典颇为相似，实际上 Counter 就是字典类型的一个子类[○]（为了节约篇幅，cc 和后面的循环打印只截取了一部分结果）。我们先用 split() 方法将原始的英文文本进行分词，然后将包含全部单词的列表作为 Counter 的参数，最终通过 for 循环打印 Counter 对象 most_common() 方法的返回值，这个方法类似于字典的 items 方法，只不过它会按照每个单词出现次数的多少进行排序，之后再将结果进行输出。下面的代码是

○ 在面向对象的概念中子类通常会继承父类的一些功能和特性，还会延伸出一些父类没有的特殊功能或特征。

不使用 Counter 的版本，读者可以自行对比一下代码的简洁程度：

```
>>> cc = {}
>>> for w in doc.split():
...     if w in cc:
...         cc[w] += 1
...     else:
...         cc[w] = 1
...
>>> for k, v in sorted(cc.items(), key=lambda x: -x[1]):
...         print(k, v)
...
('the', 5)
('to', 4)
('you', 3)
('of', 3)
('go', 2)
('deepest', 2)
('thought', 2)
('it', 1)
```

无论是创建 cc 还是按照单词出现的数量打印，结果都要复杂难懂一些。

5.4.3　defaultdict

在 defaultdict 中，可以为一个字典的值设定一个默认值，比如当默认值为空列表时：

```
>>> from collections import defaultdict
>>> cl = defaultdict(list)
>>> cl['key']
[]
>>> cl['key'].append(1)
>>> cl['key'].append(2)
>>> cl['key'].append(3)
>>> cl['key1'].append(4)
>>> cl
defaultdict(<type 'list'>, {'key1': [4], 'key': [1, 2, 3]})
>>>
```

其实与其等效的 Python 代码也并不算太复杂，在 5.4.2 节中已经见过了模拟 Counter 的代码，与之类似，只要判断某个键值是否存在，如果不存在则赋值一个默认值，这样也可以实现相应的功能。

5.4.4　OrderedDict

通常情况下，Python 的字典是无序的散列表，不过有些时候我们希望保留数据被添加进字典的顺序，这样就可以让我们在之后迭代的时候还原原来的顺序，这个时候就需要

OrderedDict 这个数据结构了。现在，使用这个数据结构的方式共有两种，第一种是按顺序添加：

```
d = {}
cc = OrderedDict()
for x in ["b", "a", "h", "d"]:
    cc[x] = 1
    d[x] = 1

for x in range(len(d)):
    print(d.keys()[x], cc.keys()[x])
```

运行的结果如下：

```
a b
h a
b h
d d
```

上面的结果中第一列是普通的字典，第二列是有序字典，可以看到第二列的顺序没有改变。除了这种方式之外，与 dict() 函数一样，OrderedDict 也接受一个元组组成的序列作为参数，并且保持元组的顺序，示例如下：

```
tuple_list = zip(["b", "a", "h", "d"], [1]*4)
print(tuple_list)
for k, v in OrderedDict(tuple_list).items():
    print(k, v)
```

其运行结果如下：

```
b 1
a 1
h 1
d 1
```

可以看到这里的结果顺序与创建字典时的顺序一致，这就是使用 OrderedDict 带来的额外好处。

第 6 章　*Chapter 6*

Python 标准库简介

事实上，前面的章节中已经接触过一些 Python 标准库了，比如第 5 章提到的 collections 模块不仅提供了一些常用的数据结构，还提供了复杂的数据结构，csv 模块则提供了 Python CSV 文件处理的能力。Python 官方提供了 300 多个标准库模块，想要在一章里详尽地描述所有模块是不可能的，本章将选择介绍一些常用的模块。笔者将这些模块大致分为如下类型：数据处理相关的模块、操作系统相关的模块、编程相关的模块及网络相关的模块。本书是介绍 Python 数据科学工具的书籍，操作系统、网络及编程的技巧不会过多涉及，所以本章将重点介绍数据处理相关的模块。

6.1　math 模块

想要进行科学计算，math 模块是必不可少的，这个模块实现了很多复合 IEEE 标准的功能，比如浮点型转换、对数计算，以及三角函数，等等。而且这个模块的大部分功能都是用 C 语言实现的，拥有极高的计算效率。

6.1.1　常见常量

所谓常量，就是永远不会改变的数量，在数学以及自然科学中，e 自然底数及 π 值是最常见的常量，在 math 这个模块中，可以使用下面的方式来使用这两个常量：

```
>>> import math
>>>
```

```
>>> math.pi
3.141592653589793
>>> math.e .
2.718281828459045
>>>
>>> print('π: %.30f' % math.pi)
π: 3.141592653589793115997963468544
>>> print('e: %.30f' % math.e)
e: 2.718281828459045090795598298428
```

细心的读者可能会发现，math 模块采用的虽是硬编码的 pi 和 e 的值，但在指定了保留小数点后 30 位的精度时，也能够给出更高精度的数值，这是怎么回事呢？实际上 math 模块中的值只不过是一个快捷方式，真正计算时会通过内部的 C 语言模块获取精度更高的版本，所以不用担心计算的精度问题。

6.1.2　无穷

无穷在数学中是一个复杂的问题，在 Python 中也不简单。一般来说 Python 中所有的浮点型都能够达到双精度浮点型的取值范围，即 1.0E-37 到 1.0E+37。超出了这个范围的则称作无穷 INF，下面来参考一段程序：

```
>>> for i in range(0, 201, 20):
...     x = 10.0 ** i
...     y = x*x
...     print '{:3d}  {!s:6}  {!s:6}  {!s:6}'.format(e, x, y, math.isinf(y))
...
  0  1.0     1.0     False
 20  1e+20   1e+40   False
 40  1e+40   1e+80   False
 60  1e+60   1e+120  False
 80  1e+80   1e+160  False
100  1e+100  1e+200  False
120  1e+120  1e+240  False
140  1e+140  1e+280  False
160  1e+160  inf     True
180  1e+180  inf     True
200  1e+200  inf     True
```

上面的程序是尝试使用不同的指数值来创建逐渐增大的数，并且使用 math.isinf() 方法判断这个值的大小是否达到了 Python 对无穷的定义。你会发现当我们计算 10 的 160 次方，然后再做乘方时就获取了无穷大，比这个值大的值都成为无穷大了。不过有些时候并不是所有的达到无穷大的值都会显示为 inf，有的则会抛出一个 OverflowError 的异常，这是由于不同的操作符在实现上有所差异造成的，比如：

```
>>> x = 10.0 ** 160
>>> x**2
Traceback (most recent call last):
  File "<stdin>", line 1, in <module>
OverflowError: (34, 'Result too large')
>>> x*x
inf
>>> x*x*x
inf
>>>
```

可以看到，在计算乘法时并不会抛出异常，而在计算等值的乘方时就会抛出异常，这一点尤其需要注意。最后，由于 inf/inf 是没有意义的计算，因此，在发生这样的情况时得到的结果就是 NaN，可以使用 math.isnan() 进行判断，如下：

```
>>> x = (10.0 ** 200) * (10.0 ** 200)
>>> y = x/x
>>> y
nan
>>> x
inf
>>> float('nan')
nan
>>> math.isnan(y)
True
>>>
```

6.1.3　整数转换

浮点型转换为整数类型时，在 math 模块中共有三种方法，math.trunc() 会将浮点型小数点后面的数字全部截掉，只留下整数的部分；math.floor() 方法会取比当前浮点型小的最近的整数；而 math.ceil() 则正好与之相反，是取比当前浮点型大的最近的整数，具体的例子可以参考下面的程序：

```
>> for i in [-3.5, -2.8, -1.5, -0.2, 0, 0.2, 1.5, 2.8, 3.5]:
...     print(i, int(i), math.trunc(i), math.floor(i), math.ceil(i))
...
(-3.5, -3, -3, -4.0, -3.0)
(-2.8, -2, -2, -3.0, -2.0)
(-1.5, -1, -1, -2.0, -1.0)
(-0.2, 0, 0, -1.0, -0.0)
(0, 0, 0, 0.0, 0.0)
(0.2, 0, 0, 0.0, 1.0)
(1.5, 1, 1, 1.0, 2.0)
(2.8, 2, 2, 2.0, 3.0)
(3.5, 3, 3, 3.0, 4.0)
>>>
```

在上面的代码中，第一列是原始的数字，第二列是使用 int() 直接进行转换，第三列是使用 trunc() 函数，第四列是使用 floor() 函数，最后一列是使用 ceil() 函数。虽然这几个函数都是整数转换，但是转换之后的结果仍然是浮点类型，这是为了避免遇到 Python 2.7 的整除问题。请注意最后一行 3.5 经过 floor() 转换之后会变为 3.0，不过第一行的 –3.5 经过 floor() 函数转换后就变为 –4.0，这也可以看出 ceil() 函数与 math.floor() 方法正好相反。

6.1.4　绝对值和符号

在 math 中可以使用 fabs() 函数计算浮点数的绝对值，比如：

```
>>> import math
>>>
>>> print math.fabs(-1.1)
1.1
>>> print math.fabs(-0.0)
0.0
>>> print math.fabs(0.0)
0.0
>>> print math.fabs(1.1)
1.1
>>>
```

为了给一个值设定一个确定的符号，可以使用 math.copysign() 方法：

```
>>> for f in [-1.0, 0.0, 1.0, float('-inf'), float('inf'), float('-nan'),
float('nan')]:
...     s = int(math.copysign(1, f))
...     print('{:5.1f} {:5d} {!s:5} {!s:5} {!s:5}'.format(f, s, f < 0, f > 0, f==0))
...
 -1.0    -1  True   False  False
  0.0     1  False  False  True
  1.0     1  False  True   False
 -inf    -1  True   False  False
  inf     1  False  True   False
  nan    -1  False  False  False
  nan     1  False  False  False
>>>
```

这里是将第一行程序中列表里的值的符号指定给 1，然后观察这个新值的符号的变化，math.copysign() 函数的第一个参数是需要被指定符号的值，第二个参数是提供符号的值，即将数据中第一个参数的值指定为第二个参数的符号，从上面代码的运行结果可以看出，第二列中的 "1" 的符号与 for 循环迭代的列表中的值符号完全一致。值得注意的是，不仅普通的数字有正负之分，0、无穷 inf、都是有正负之分的，而无意义 nan 则既不是小于 0 也不是大于 0，更不是等于 0 的数，所以它是无意义的数。

6.1.5　常用计算

在使用计算机程序进行浮点数的计算时，通常会由于精度的问题引入额外的误差，最常见的情况就是将 10 个 0.1 相加，其结果并不是 1，读者不妨自己尝试一下：

```
>>> values = [ 0.1 ] * 10
>>> values
[0.1, 0.1, 0.1, 0.1, 0.1, 0.1, 0.1, 0.1, 0.1, 0.1]
>>> sum(values)
0.9999999999999999
>>> s = 0
>>> for x in values:
...     s += x
...
>>> s
0.9999999999999999
>>>
```

上面使用了两种常见的 Python 累加方法，都无法得到 1.0 的结果，可能有的时候我们并不太关心这个非常接近 1.0 的数到底差多少才等于 1.0，但是当计算账目或反复的迭代时，误差会被积累，以至于最终产生客观的差距。math 模块提供了一个函数 fsum() 可以进行精确地计算，如下：

```
>>> math.fsum(values)
1.0
>>>
```

除此之外，大家是否还记得在介绍函数的章节里所讲的阶乘计算么？ math 模块中也提供了简单的阶乘计算函数 factorial()：

```
>>> import math
>>> for i in [0, 1.0, 2.0, 3.0, 4.0, 5.0]:
...     print(i, math.factorial(i))
...
(0, 1)
(1.0, 1)
(2.0, 2)
(3.0, 6)
(4.0, 24)
(5.0, 120)
```

6.1.6　指数和对数

指数增长曲线，在社会学和经济学中都有着广泛的应用，对数则是指数表达的一种特殊形式。Python 的 math 模块中也提供了指数计算，如下代码所示。

```
>>> import math
>>> x = 2
>>> y = 3
>>> print(x, y, math.pow(x, y))
(2, 3, 8.0)
>>>
>>> x = 2.2
>>> y = 3.3
>>> print(x, y, math.pow(x, y))
(2.2, 3.3, 13.489468760533386)
>>>
```

对数的计算也很容易：

```
>>> import math
>>>
>>> print math.log(8)
2.07944154168
>>> print math.log(8, 2)
3.0
>>> print math.log(0.5, 2)
-1.0
>>>
```

其中 log() 函数的第二个参数是对数的底，默认情况下是自然底数 e，如果要提供第二个参数，则应手动指定底数。而且 math 还专门提供了一个 log10() 的函数，用来以更高的精度处理以 10 为底的对数计算，这是因为以 10 为底的对数经常用作统计数轴等对精度要求更高的计算。我们可以对比一下以 10 为底，选择不同指数计算的值在求对数时还原的精度，如下：

```
>>> import math
>>>
>>> for i in range(0, 10):
...     x = math.pow(10, i)
...     accurate = math.log10(x)
...     inaccurate = math.log(x, 10)
...     print(i, x, accurate, inaccurate)
...
(0, 1.0, 0.0, 0.0)
(1, 10.0, 1.0, 1.0)
(2, 100.0, 2.0, 2.0)
(3, 1000.0, 3.0, 2.9999999999999996)
(4, 10000.0, 4.0, 4.0)
(5, 100000.0, 5.0, 5.0)
(6, 1000000.0, 6.0, 5.999999999999999)
(7, 10000000.0, 7.0, 7.0)
(8, 100000000.0, 8.0, 8.0)
(9, 1000000000.0, 9.0, 8.999999999999998)
>>>
```

可以看到，在指数为 3、6、9 时 log() 函数的精度相比 log10() 有一定的损失。

还可以通过 math.exp() 函数来计算自然底数 e 的指数值，代码如下：

```
>>> math.e ** 2
7.3890560989306495
>>> math.pow(math.e, 2)
7.3890560989306495
>>> math.exp(2)
7.38905609893065
>>>
```

相比较而言，使用 Python 直接进行运算时，其在精度上会有所提高。除了前面已经介绍过的 math 中的方法，在 math 模块中还有更多的方法能够提供高精度的计算结果。实际上对于精确的计算有需求的场景，应当尽可能地使用 math 模块中提供的功能。

6.2　time

时间是一个复杂的概念，也是很多数据中必须要处理的问题，Python 中有几个与时间有关的模块，比如 time、datetime 和 calendar 等。time 是基础的时间处理模块，datetime 的功能与 time 基本相同，但是可以针对时分秒和年月日分别进行处理，而 calendar 则用于处理万年历。因为本书主要是讲解数据处理的，所以暂时只使用 time 就足够了，有兴趣的读者可以自行学习剩下的两个模块。在开始讲这一节内容的讲解之前，我们先来了解一下什么是时间戳，在你的 Python shell 上输入下面的代码：

```
>>> import time
>>> time.time()
1457405123.899797
>>>
```

结果得到一个浮点数，这个数被硬性地规定为从格林威治时间 1970 年 1 月 1 日 0 时 0 分 0 秒（也就是北京时间 1970 年 1 月 1 日 8 时 0 分 0 秒）以来所经历过的秒数。全世界所有的计算机都遵守这个规则，让时间戳成为一个与时区无关的数字，这也是很容易被计算机处理的数字，所以如果某个与时间相关的数据是只用于计算机处理的，那么只要有时间戳这一种格式就足够了。不过更多的时候时间是提供给人看的，所以我们要对时间进行一系列的处理。

如何才能得到一个让人类可以读懂的时间呢？可以使用 time 模块中的 ctime() 方法：

```
>>> time.ctime()
'Tue Mar  8 11:04:28 2016'
```

```
>>> time.ctime(time.time() -100)
'Tue Mar  8 11:02:56 2016'
>>>
```

ctime() 有两种使用方式，当没有参数时，ctime() 将返回当前时间的字符串版本，而使用时间戳加减响应的秒数之后得到的则是经过加减后的时间字符串。

如果想要单独使用时间中的时分秒或年月日，time 还会提供一种 struct_time 的格式，可以单独获取时间中每个单位的数字，比如：

```
>>> import time
>>> time.gmtime()
time.struct_time(tm_year=2016, tm_mon=3, tm_mday=8, tm_hour=3, tm_min=9, tm_
sec=59, tm_wday=1, tm_yday=68, tm_isdst=0)
>>>
>>> t = time.localtime()
>>> t
time.struct_time(tm_year=2016, tm_mon=3, tm_mday=8, tm_hour=11, tm_min=13, tm_
sec=42, tm_wday=1, tm_yday=68, tm_isdst=0)
>>> t.tm_year
2016
>>> t.tm_mon
3
>>> t.tm_mday
8
>>> t.tm_hour
11
>>>
```

time 有两个函数可以获取当前的 struct_time，gmtime() 获取的是格林威治时间下的 struct_time，localtime() 获取的是当前电脑所在时区的 struct_time（不要急，马上就会讲到时区的处理）。可以看到 time.struct_time 格式中包含了下面这几种单位：

tm_year,tm_mon,tm_mday,tm_hour,tm_min,tm_sec,tm_wday,tm_yday

看起来是不是很像具名元组呢？实际上其使用方法也很像具名元组，可以使用点操作符获取我们想要的时间值，比如想要年份，就是 t.tm_year，想要月份就是 t.tm_mon，以此类推。稍有点复杂的就是获取日期，这里有三种日期的格式：获取当前日期是当周的第几天——t.tm_wday，获取当前日期是当月的第几天——t.tm_mday，以及获取当前日期是当年的第几天——t.tm_yday。如果要将 struct_time 还原成时间戳，则可以使用 time.mktime() 方法：

```
>>> time.mktime(time.localtime())
1457407407.0
>>>
```

　　既然上面提到了时区，那么我们就不得不提到如何设置和转换时区，想要查看完整的时区，可以安装 pytz 这个 Python 第三方库，使用 pytz.all_timezones 就可以获得 Python 所支持的全部时区，如下：

```
>>> import pytz
>>> pytz.all_timezones
['Africa/Abidjan', 'Africa/Accra', 'Africa/Addis_Ababa', 'Africa/Algiers',
'Africa/Asmara', 'Africa/Asmera', 'Africa/Bamako', 'Africa/Bangui', 'Africa/
Banjul', 'Africa/Bissau', 'Africa/Blantyre', 'Africa/Brazzaville', 'Africa/
Bujumbura', 'Africa/Cairo', 'Africa/Casablanca', 'Africa/Ceuta', 'Africa/
Conakry', 'Africa/Dakar', 'Africa/Dar_es_Salaam', 'Africa/Djibouti', 'Africa/
Douala', 'Africa/El_Aaiun', 'Africa/F...
```

　　而想要暂时修改 Python 环境的时区也是很简单的，示例如下：

```
>>> import os
>>> os.environ['TZ'] = 'Asia/Shanghai'
>>> time.tzset()
>>> time.localtime()
time.struct_time(tm_year=2016, tm_mon=3, tm_mday=8, tm_hour=11, tm_min=39,
tm_sec=3, tm_wday=1, tm_yday=68, tm_isdst=0)
>>>
>>> os.environ['TZ'] = 'US/Eastern'
>>> time.tzset()
>>> time.localtime()
time.struct_time(tm_year=2016, tm_mon=3, tm_mday=7, tm_hour=22, tm_min=39,
tm_sec=21, tm_wday=0, tm_yday=67, tm_isdst=0)
>>>
```

　　上面的程序中，我们首先设置 Python 环境时区为上海，打印本地时间为 2016 年 3 月 8 日 11 时，接下来会将时区设置为美国东部时间，打印本地时间变为 2016 年 3 月 7 日 22 时，可见美国东部时间正好比中国上海时间慢了 13 个小时。如果需要更加灵活的时区设置功能，可以尝试使用 pytz 这个第三方库。

　　time 模块还提供了两个函数用于从时间字符串转换成 struct_time，以及从 struct_time 构建时间字符串。与 localtime() 或 mktime() 不同的是，通过这两个方法可以任意定义时间字符串的格式，比如有这样一个时间字符串——2016-03-07T03:14:12+00:00，如何才能将其转换成程序能够使用的 struct_time 呢？示例如下：

```
>>> t = time.strptime("2016-03-07T03:14:12+00:00", "%Y-%m-%dT%H:%M:%S+00:00")
>>> t
time.struct_time(tm_year=2016, tm_mon=3, tm_mday=7, tm_hour=3, tm_min=14,
tm_sec=12, tm_wday=0, tm_yday=67, tm_isdst=-1)
>>>
```

　　　关于时区的具体划分可以参考 https://zh.wikipedia.org/wiki/ 时区。

```
>>> time.strftime("%Y-%m-%dT%H:%M:%S+00:00", t)
'2016-03-07T03:14:12+00:00'
>>>
```

time.strptime() 是用来将时间字符串转换成 struct_time 的，而 time.strftime() 的功能正好与之相反，这两种方法在转换时间时都需要提供一个时间格式的字符串表达式，比如：

```
"%Y-%m-%dT%H:%M:%S+00:00"
```

该表达式代表函数需要按照"年 - 月 - 日 T 时 : 分 : 秒 +00:00"的格式进行解析或格式化。虽然大多数时候只需要熟悉上面提到的几个占位符即可，但是免不了有时候会有一些小众的需求，一个更全的占位符列表可以参考 Python time 模块的官方文档：https://docs.python.org/2/library/time.html。

对于 time，除了上面所提到的功能之外，它还有一个重要的功能，那就是 sleep()，如果想要让程序在运行时间歇地休息，可以使用这个函数，比如：

```
>>> for x in range(5):
...     print(time.ctime())
...     time.sleep(3)
...
Mon Mar  7 23:16:51 2016
Mon Mar  7 23:16:54 2016
Mon Mar  7 23:16:57 2016
Mon Mar  7 23:17:00 2016
Mon Mar  7 23:17:03 2016
```

上面的程序让打印函数每隔三秒打印一次当前的时间，time.sleep() 提供了一个很好的定时器功能。

6.3　random

random 这个 Python 标准库模块主要有三个作用，生成随机的数据用于测试和练习，随机地选取数据用于抽样，生成随机分布用于统计编程。

6.3.1　随机数生成器

可能有的读者听说过随机数生成器，也可能听说过伪随机数生成器，没错，几乎所有的计算机程序生成的随机数都不是真正的随机数，而是以一个种子（也称为真随机数）为初始值，通过算法不停地迭代来生成后续的随机数，不过这里暂且不用管它，先来看一看如何生成一个 0 到 1 之间的随机浮点数：

```
>>> import random
>>> for i in range(5):
...     print(random.random())
...
0.732992067755
0.802119586757
0.291396611343
0.220519082266
0.209992573094
>>>
```

上面的代码使用 random() 函数生成了 5 个随机数，不过有的时候我们可能会有这样的需求，在进行可重复的实验时希望能够反复地生成同一组随机数，所以 random 提供了一个 seed() 方法让我们手动设置一个随机数种子，以达到类似的效果，反复运行下面的 Python 程序：

```
import random

random.seed(5)
for i in range(5):
    print(random.random())
```

得到的结果为：

```
0.62290169489
0.741786989261
0.795193565566
0.942450283777
0.73989857474
```

如果你的随机数种子也设置为 5 了的话，那么所得到的结果应当与上面的结果一致，所以就算是随机的实验，也可以通过提供我所使用的随机数种子，让其他人复现我的实验结果。

如果只是随机地生成整数，还可以使用 random.randint()，以及 random.randrange() 这两个方法，示例如下：

```
>>> for i in range(5):
...     print(random.randint(1, 500))
...
462
15
233
472
325
>>> for i in range(5):
...     print(random.randrange(0, 1000, 100))
...
```

```
900
100
400
200
500
>>>
```

randint() 方法需要两个参数，即随机数选取范围的起始值和终止值，而 randrang() 则与
range() 函数类似，除了将起止值作为参数之外，还有一个步长作为参数，大致效果就相当
于在生成 range() 这个列表之后随机选取其中的值。从上面代码的结果中可以看到，步长为
100 时，只有整 100 的数字才会被选中。

6.3.2　取样

有的时候我们需要打乱一些数据的顺序，随机选择一个或多个值，这个时候就需要借助
random 模块中的 shuffle()、choice()、sample() 这几个函数了，示例如下：

```
>>> import random
>>> a = [0,1,2,3,4,5,6,7,8,9]
>>> for x in range(5):
...     random.shuffle(a)
...     print(a)
...
[5, 6, 3, 0, 1, 9, 7, 2, 4, 8]
[6, 0, 7, 9, 5, 2, 1, 4, 8, 3]
[2, 0, 8, 4, 6, 9, 3, 7, 5, 1]
[4, 8, 5, 2, 3, 7, 9, 0, 1, 6]
[5, 0, 2, 6, 3, 1, 7, 9, 4, 8]
>>> for x in range(5):
...     print(random.choice(a))
...
3
1
5
0
0
>>> for x in range(5):
...     print(random.sample(a, 3))
...
[8, 4, 2]
[4, 1, 5]
[7, 0, 9]
[4, 3, 1]
[6, 8, 1]
>>>
```

顾名思义，shuffle() 函数就是"洗牌"的意思，可以使用这个函数打乱原始列表的顺

序。需要注意的是，shuffle() 函数是没有返回值的，它会原地修改原始列表的顺序，如果想要保留原始列表的顺序，那么请不要忘记使用切片复制或使用 copy() 函数保存原始列表的顺序。choice() 的功能也非常简单，它会随机地选择列表中的一个值。sample() 的意思是采样，第二个参数是需要随机地选取几个值，如果这个参数的值为 1，则 sample() 的效果就与 choice() 的效果一致了。

关于 random 模块，还有一个重要的功能没有讲解，那就是分布，尤其是除了均匀分布之外的其他分布，比如正态分布、高斯分布、指数分布等，因为这涉及具体的统计概率知识，因此分布的相关内容将放到统计编程的章节去一起讲解。

6.4 glob 和 fileinput

在 Python 中最常用的文本读写方式就是使用 open() 函数了，假设我们有一个文件名为 abc.log 的文本文件放置在目录 /Users/jilu/Downloads/ 下⊖，其中的内容如下：

```
1111111111111111111
2222222222222222222
3333333333333333333
4444444444444444444
5555555555555555555
```

那么，可以用下面的代码读取其中的内容：

```
>>> fr = open("/Users/jilu/Downloads/abc.log", 'r')
>>> lines = fr.readlines()
>>> for line in lines:
...     print(line.strip())
...
1111111111111111111
2222222222222222222
3333333333333333333
4444444444444444444
5555555555555555555
>>>
>>> fr.close()
```

open() 函数的第一个参数是要打开文件的路径，第二个参数是打开文件的方式，如果该参数是"r"则代表以只读的方式打开，这样就不会不小心篡改了文件的内容而没有发觉。如果第二个参数为"a"则代表以读写的方式打开，这时候就即能读又能写这个文件。

⊖ 如果读者使用的是 Windows 操作系统，那么路径就可能不是这样的，比如 c://Users/jilu/Downloads，请根据你实际的情况确定正确的路径。

open() 函数会返回文件操作符，习惯上来讲，如果是以只读的方式打开文件的，那么会将文件描述符赋值为 fr；如果是以读写方式打开文件的则赋值为 fw，这样处理之后，就可以区分前者是只读，后者是可写（r 是 read 的缩写，w 是 write 的缩写，f 则代表 file）。然后使用文件描述符的 readlines() 方法按行读取文件内容[⊖]，再使用 for 循环进行迭代打印。最后在退出程序之前不要忘记关闭文件描述符，使用 close() 方法来关闭，如果在文件写入时没有调用 clouse() 方法则可能会导致部分数据写入不成功。可能有的读者见到过下面这样读取文件的方式：

```
>>> with open("/Users/jilu/Downloads/abc.log", 'r') as fr:
...     lines = fr.readlines()
...
```

with 在 Python 中称为上下文管理器，所谓上下文管理器的功能就是在进入和退出上下文管理器时执行提前定义好的命令。这里不会详细地讨论如何使用及如何定义上下文管理器，Python 内置的 open() 方法是一个支持上下文管理器的方法。当在上下文管理器中打开文件描述符时，会在退出上下文管理器后由程序自动执行 close() 方法。

现在就可以读取一个文件的内容了，那么如果想要同时读取多个文件的内容呢？首先，需要获取所有文件的文件名，这时需要用到 glob 模块，假设现在我们有一个目录 /Users/jilu/Downloads/logs，其中有 3 个文件：

```
MacBook-Pro:logs:% ls -l
total 24
drwxr-xr-x    5 jilu   staff     170  3  9 11:43 ./
drwx------+ 617 jilu   staff   20978  3  9 11:42 ../
-rw-r--r--    1 jilu   staff       9  3  9 11:44 abc1.log
-rw-r--r--    1 jilu   staff       9  3  9 11:44 abc2.log
-rw-r--r--    1 jilu   staff       9  3  9 11:44 abc3.log
```

我们可以使用下面的命令获取这三个文件的绝对路径：

```
>>> from glob import glob
>>> file_path = glob("/Users/jilu/Downloads/logs/*")
>>> file_path
['/Users/jilu/Downloads/logs/abc1.log', '/Users/jilu/Downloads/logs/abc2.log',
'/Users/jilu/Downloads/logs/abc3.log']
>>>
```

其中 glob() 函数的参数是一个 Linux 通配符的写法，在写完了路径前缀之后以一个 "*" 号代表这个路径的全部文件都会被选中，如果 logs 中还有其他的目录，并且在目录中还有

⊖ 关于如何写入文件，会在第 7 章中进行讲解，当然聪明的读者也能够猜到，如果使用 "a" 模式打开文件，调用文件描述符的 write() 方法就可以写入，不过需要注意的是，写入文件程序不会自动换行，需要在每个写入的行尾手动增加一个换行符 "\n"。

其他的文件，那么也可以使用"/Users/jilu/Downloads/logs/*/*"来表示，多进入一层目录。

之后就可以使用 fileinput 模块的 input() 方法直接读取文件的每一行了，示例如下：

```
>>> import fileinput
>> fr = fileinput.input(file_path)
>>> for line in fr:
...     print(line.strip(), fileinput.filename(), fileinput.filelineno())
...
('11111111', '/Users/jilu/Downloads/logs/abc1.log', 1)
('22222222', '/Users/jilu/Downloads/logs/abc2.log', 1)
('33333333', '/Users/jilu/Downloads/logs/abc3.log', 1)
>>>
```

还可以在每一次迭代时调用 fileinput.filename() 和 fileinput.filelineno() 方法，分别查看该行数据来自于哪个文件的哪一行。使用 glob 与 fileinput 可以极大地简化读取文件行的操作，非常的方便。

6.5　bz2 和 gzip

有的时候为了节省硬盘空间，还会将文件进行压缩存储，尤其是在数据科学的工作中，经常会接触大量的数据。常见的压缩格式有 zip、bz2、gz、rar 等，不过笔者不建议使用 rar 格式，因为这个是专门为 Windows 提供的压缩格式，很多数据处理工具都没有针对 rar 的内建支持，即使是 Python，也要结合第三方库才能使用 rar 格式的文件。另外有些 Linux 用户可能会见到 tar.gz 的格式，这里需要说明的是，tar 并不是压缩格式，只是一个打包格式，用于将很多小文件合并成一个大文件，甚至大多时候合并完成的文件是比原始文件还要大的，而 gz 才是真正的压缩格式。zip 格式是一个同时打包和压缩的格式。因为 tar 与 zip 都会打包文件，因此都不太适合存储需要程序处理的数据，所以本节主要介绍两种压缩 Python 文件的处理方法——bz2 和 gzip 模块，它们的使用方式大同小异，示例如下：

```
import bz2
import gzip

print('bz2')
print('='*20)
f = bz2.BZ2File("/Users/jilu/Downloads/logs/abc1.log.bz2", 'w')
for x in ['a', 'b', 'c']:
    f.write(x + '\n')
f.close()

f = bz2.BZ2File("/Users/jilu/Downloads/logs/abc1.log.bz2", 'r')
for x in f.readlines():
```

```
    print(x)
f.close()

print('gz')
print('='*20)
f = gzip.open('/Users/jilu/Downloads/logs/abc4.log.gz', 'w')
for x in ['a', 'b', 'c']:
    f.write(x + '\n')
f.close()

f = gzip.open('/Users/jilu/Downloads/logs/abc4.log.gz', 'r')
for line in f.readlines():
    print(line)
f.close()
```

其运行的结果为：

```
bz2
====================
a
b
c

gz
====================
a
b
c
```

针对这两个模块，上面分别进行了写入 abc 三个字母，然后再按行读取的操作，它们与 open() 函数的操作基本一致，也很方便记忆。

6.6 pprint

可能有读者看到 pprint 时会觉得是不是打错了，实际上这是 pretty-print 的缩写，也就是"漂亮打印"，有些时候我们会有一些数据量大，而且结构复杂的数据，如果直接用 print 打印则会变得难以阅读，pprint 就是可以将其变成美观结构并打印出来的模块，比如运行下面的代码：

```
from pprint import pprint

data = [(i, {'a': 'A',
             'b': 'B',
             'c': 'C',
             'd': 'D',
             'e': 'E',
```

```
                    'f': 'F',
                    'g': 'G',
                    'h': 'H',
                    })
            for i in xrange(3)
            ]

print(data)
print('='*20)
pprint(data)
```

结果就像下面这样：

```
[(0, {'a': 'A', 'c': 'C', 'b': 'B', 'e': 'E', 'd': 'D', 'g': 'G', 'f': 'F',
'h': 'H'}), (1, {'a': 'A', 'c': 'C', 'b': 'B', 'e': 'E', 'd': 'D', 'g': 'G',
'f': 'F', 'h': 'H'}), (2, {'a': 'A', 'c': 'C', 'b': 'B', 'e': 'E', 'd': 'D',
'g': 'G', 'f': 'F', 'h': 'H'})]
====================
[(0,
  {'a': 'A',
   'b': 'B',
   'c': 'C',
   'd': 'D',
   'e': 'E',
   'f': 'F',
   'g': 'G',
   'h': 'H'}),
 (1,
  {'a': 'A',
   'b': 'B',
   'c': 'C',
   'd': 'D',
   'e': 'E',
   'f': 'F',
   'g': 'G',
   'h': 'H'}),
 (2,
  {'a': 'A',
   'b': 'B',
   'c': 'C',
   'd': 'D',
   'e': 'E',
   'f': 'F',
   'g': 'G',
   'h': 'H'})]
```

　　虽然稍微占了一些篇幅，但是人们阅读起来就方便多了，而且在电脑显示器上，篇幅又不会额外多花钱⊖。pprint 模块还有另外一个方法 pformat()，这个方法并不是直接将结果打

　　⊖　尽管你确实为这本书付费了。

印出来，而是会返回格式化好了的字符串。

6.7 traceback

如果有些读者已经开始使用第 3 章所讲的异常处理，那么就会发现用 try...except... 处理异常时无法打印错误堆栈，难以定位错误的来源，比如下面这段代码：

```
# ! /usr/bin/python
# -*- coding: utf-8 -*-

from __future__ import print_function


def produce_exception():
    raise StandardError('test')


try:
    produce_exception()
except Exception, e:
    print(e)
```

运行之后的结果是：

```
$python traceback_test.py
test
```

可以看到，这里仅仅只是打印出了异常的信息，而没有打印出像不用 try...except⋯时的错误堆栈信息，就像下面这样：

```
Traceback (most recent call last):
  File "/Users/jilu/traceback_test.py ", line 10, in <module>
    produce_exception()
  File "/Users/jilu/traceback_test.py ", line 8, in produce_exception
    raise StandardError('test')
StandardError: test
```

如果想要得到这么详细的信息，比如包括出现异常的文件名（traceback_test.py），异常出现的行数（10），以及异常的类型（StandardError），那该怎么办呢，可以使用 traceback. print_exc() 来达到同样的效果，让我们导入 traceback 包，并把原来程序中的 print(e) 更换为 traceback.print_exc()，这个函数并不需要参数，再试一次，看看结果与上面的错误堆栈是否相同。与 pprint 模块一样，有些时候我们并不需要直接打印出错误堆栈，而是想要把错误堆栈以字符串的形式在他处利用，这时则可以使用 traceback.format_exc() 方法。上面的程序可以写成：

```
try:
    produce_exception()
except Exception, e:
    err = traceback.format_exc()
    print(err)
```

6.8　JSON

JSON 本来是一种便利的网络数据传输格式，其形式与 Python 中的字典极其类似，参考下面的形式：

```
{
  "cloudwatch.emitMetrics": true,
  "kinesis.endpoint": "kinesis.cn-north-1.amazonaws.com.cn",

  "flows": [
    {
      "filePattern": "/mnt/log/nginx/access.log",
      "kinesisStream": "static_log_stream_test",
      "partitionKeyOption": "RANDOM"
    }
  ]
}
```

实际上，一个 JSON 文件与 Python 的字典是可以相互转换的，参考下面的代码：

```
# ! /usr/bin/python
# -*- coding: utf-8 -*-

from __future__ import print_function
import json

with open('/Users/jilu/Downloads/aws-kinesis-agent.json', 'r') as fr:
    raw_j = fr.read()

j = json.loads(raw_j)

print(j)
print(json.dumps(j))

print(json.dumps(j, ensure_ascii=False, indent=4))
```

可通过 json 模块中的 loads() 及 dumps() 这两个函数在 JSON 数据与 Python 字典之间进行互相转换。loads() 函数可以将一个 JSON 转换成一个 Python 的字典，而 dumps() 函数的功能则相反。对比一下上面程序的前两个输出可以比较 JSON 与 Python 字典的区别：

```
dict
```

{u'cloudwatch.emitMetrics': True, u'kinesis.endpoint': u'kinesis.cn-north-1.
amazonaws.com.cn', u'flows': [{u'kinesisStream': u'static_log_stream_test',
u'partitionKeyOption': u'RANDOM', u'filePattern': u'/mnt/log/nginx/access.
log'}]}

JSON
{"cloudwatch.emitMetrics": true, "kinesis.endpoint": "kinesis.cn-north-1.
amazonaws.com.cn", "flows": [{"kinesisStream": "static_log_stream_test",
"partitionKeyOption": "RANDOM", "filePattern": "/mnt/log/nginx/access.log"}]}

实际上除了 JSON 必须使用双引号来包括字符串之外，其他几乎没有区别，这也是
Python 中字典结构的优势。也正是这一特性使得 Python 非常适合作为 API 的编写语言。另
外如果想让上面的结果直接打印成 JSON 数据，那么会获得一个没有空格和空行的输出，这
样在面对数据较多的 JSON 时非常不便于进行调试，所以在使用 json 模块的 dumps() 方法时
还可以增加一些参数，比如 indent 参数控制了每一个 JSON 单元的缩进，我们一般使用 4 个
空格，与 Python 代码缩进的风格保持一致。而另外一个关键的参数就是 ensure_ascii，其默
认值是 True，这时在输出的 JSON 中所有的非 ASCII 字符都会进行转码，以纯 ASCII 字符
表示，这样是没法正确显示中文的。为了让输出的 JSON 正确地显示中文，需要让 ensure_
ascii 的值为 False，这样就可以了。

第 7 章　Chapter 7

用 Python 读写外部数据

外部数据是多种多样的，比如前面几章已经学习过如何读取文本文件中的数据。在数据科学的应用中，CSV、Excel 文件也是常用的文本文件，其中 CSV 是纯文本文件，而 Excel 是二进制文件，Python 都为我们提供了相应的模块用来读写这些文件。除了文本文件之外，还有一种最常用的数据来源——数据库。在关系型数据库中，MySQL 和 PostgreSQL 是开源数据库的代表；而在商业数据库中，Oracle、SQL Server 则最为著名；在非关系型数据库中，则以文档型的数据库 MongoDB 最为著名。还有一个我个人比较喜欢的全文检索引擎 Elasticsearch，基本上也可以当作一个文档型的数据库来使用，非常方便。

本章会介绍几种常见的 Python 数据读写模块，虽然不能穷尽所有的应用，但使用方法基本上大同小异，表 7-1 提供了相应的参考链接。

表 7-1　Python 常见的外部 IO 模块

数据源	Python 模块	链接
CSV	csv	https://docs.python.org/2/library/csv.html
EXCEL	pandas	http://pandas.pydata.org/pandas-docs/version/0.17.1/10min.html#excel
MYSQL	MySQLdb	http://mysql-python.sourceforge.net/MySQLdb.html
MYSQL	torndb	http://torndb.readthedocs.org/en/latest/#
POSTGRESQL	psycopg2	http://pythonhosted.org/psycopg2/
MONGODB	pymongo	http://api.mongodb.org/python/current/
ELASTICSERCH	elasticsearch	http://elasticsearch-py.readthedocs.org/en/latest/

7.1 CSV 文件的读写

本节将会使用 Python 标准库 CSV 模块来处理 CSV 文件。所谓 CSV 文件，就是"逗号分隔值文件"的简称，通常来说，这个文件类似于一个表格的结构，每一行都有相同的列，并且一般使用逗号隔开。一个典型的 CSV 文件类似于下面的形式：

```
PassengerId,Pclass,Name,Sex,Age,SibSp,Parch,Ticket,Fare,Cabin,Embarked
892,3,"Kelly, Mr. James",male,34.5,0,0,330911,7.8292,,Q
893,3,"Wilkes, Mrs. James (Ellen Needs)",female,47,1,0,363272,7,,S
894,2,"Myles, Mr. Thomas Francis",male,62,0,0,240276,9.6875,,Q
895,3,"Wirz, Mr. Albert",male,27,0,0,315154,8.6625,,S
```

其中第一行是表头，其余的行是数据，如果有包含空格的字符串，那么一般会使用双引号括起来。

7.1.1 读取 CSV 文件

我们可以使用 CSV 模块中的 reader() 方法读取 CSV 文件，其中 reader() 的参数应该是一个文件描述符，可以参考下面的代码：

```
# ! /usr/bin/python
# -*- coding: utf-8 -*-

from __future__ import print_function
import csv

with open('/Users/jilu/Downloads/test.csv', 'r') as fr:
    rows = csv.reader(fr)

    for row in rows:
        print(row)
```

之前已经介绍过如何使用 with 语法方便地获取文件描述符 fr 了，在读取 CSV 文件之后，可以使用迭代的方式获取其中的每一行数据。与普通的迭代文件行不同，CSV 的每一行数据都已经被很好地分割和格式化了，读者可以使用随书附送的代码中的 test.csv 文件测试上面的代码，其运行结果如下：

```
['PassengerId', 'Pclass', 'Name', 'Sex', 'Age', 'SibSp', 'Parch', 'Ticket',
'Fare', 'Cabin', 'Embarked']
['892', '3', 'Kelly, Mr. James', 'male', '34.5', '0', '0', '330911', '7.8292',
'', 'Q']
['893', '3', 'Wilkes, Mrs. James (Ellen Needs)', 'female', '47', '1', '0',
'363272', '7', '', 'S']
['894', '2', 'Myles, Mr. Thomas Francis', 'male', '62', '0', '0', '240276',
'9.6875', '', 'Q']
```

```
['895', '3', 'Wirz, Mr. Albert', 'male', '27', '0', '0', '315154', '8.6625', '', 'S']
['896', '3', 'Hirvonen, Mrs. Alexander (Helga E Lindqvist)', 'female', '22',
'1', '1', '3101298', '12.2875', '', 'S']
...
```

将打印出来的结果与原始文件进行对比，可以发现，不仅原始的行数据按照逗号分隔被切分成了列表，Name 列中的双引号也被去掉了，这就是 csv 模块自动为我们进行的转换。当然也可以自己使用字符串方法 split(',') 进行切分，但可能在初次尝试之后就会发现还需要去掉引号。在 Python 编程中，我们从来都不提倡"重复造轮子"，所以仍然建议面对 CSV 文件时使用专用的模块，相信我，它还会附送很多额外的好处。

7.1.2　创建 CSV 文件

创建一个 CSV 文件也很容易，可以使用 csv 模块的 writer() 方法创建一个 CSV 文件操作符，然后再调用其 writerow 方法进行逐行地写入，参考下面的代码：

```python
with open('./csv_tutorial.csv', 'a') as fw:
    writer = csv.writer(fw)
    writer.writerow(["c1", 'c2', 'c3'])
    for x in range(10):
        writer.writerow([x, chr(ord('a') + x), 'abc'])
```

为了制造一些变化，上面使用 ord() 和 chr() 函数创建了一个连续增长的字母序列，并且将其保存成了文件，打开 csv_tutorial.csv 这个文件，就可以看到其中的内容为如下形式：

```
c1,c2,c3
0,a,abc
1,b,abc
2,c,abc
3,d,abc
4,e,abc
5,f,abc
6,g,abc
7,h,abc
8,i,abc
9,j,abc
```

细心的读者可能会发现，这里的字符串没有用双引号括起来，这只是因为默认的 csv. writer() 并不会自动为字符串增加双引号[⊖]，若想要增加双引号，可以使用下面的代码：

```python
writer = csv.writer(fw, quoting=csv.QUOTE_NONNUMERIC)
```

代替原来代码中的：

⊖　增加双引号的主要目的是为了防止在某一列的字符串中包含逗号，使得切分列的程序出错。

```
writer = csv.writer(fw)
```

其中 csv.QUOTE_NONNUMERIC 代表为所有的非数字类型增加双引号。现在的结果将
会变为⊖如下的形式：

```
"c1","c2","c3"
0,"a","abc"
1,"b","abc"
2,"c","abc"
3,"d","abc"
4,"e","abc"
5,"f","abc"
6,"g","abc"
7,"h","abc"
8,"i","abc"
9,"j","abc"
```

关于双引号的使用，除了 QUOTE_NONNUMERIC 这一种模式之外，还有另外几种模
式，完整的列表可以查看表 7-2。

表 7-2　CSV 可以使用的存储模式

CSV 可以使用的存储模式	描述
QUOTE_ALL	为所有的栏增加双引号包围
QUOTE_MINIMAL	仅为包含特殊符号的栏增加双引号包围
QUOTE_NONNUMERIC	为所有非数字的栏增加双引号包围
QUOTE_NONE	在 reader() 函数中，表示不要去掉数据中的双引号包围

7.1.3　处理方言

虽然 CSV 格式的文件是以逗号作为分隔符号的文件，但实际上并没有一个严格的定义
要求其必须用逗号。比如 Hadoop 中的表文件，如果以纯文本的形式输出，那么默认的分隔
符就是 "\x01"。你也可能会见到使用管道符 "|" 作为分割符的 CSV 文件，我们统一称这
种 CSV 为 CSV 的方言。

以上文创建的 CSV 文件 csv_tutorial.csv 为例，现在将逗号改为管道符，并且另存为
csv_tutorial.pipe.csv，其中的内容如下：

```
"c1"|"c2"|"c3"
0|"a"|"abc"
1|"b"|"abc"
```

⊖　如果你没有删除原来的 csv_tutorial.csv 文件而直接执行程序，那么结果会是一个包含两次结果的 csv_
tutorial.csv 文件，因为我们在 open('/Users/jilu/Downloads/csv_tutorial.csv', 'a') 中使用了 "a" 模式表示继
续写入，如果总是需要覆盖原始的数据请使用 "w" 模式进行写入。

```
2|"c"|"abc"
3|"d"|"abc"
...
```

想要读取这个文件可以参考下面的代码：

```
csv.register_dialect('pipes', delimiter='|')
with open('/Users/jilu/Downloads/csv_tutorial.pipe.csv', 'r') as fr:
    rows = csv.reader(fr, dialect='pipes')

    for row in rows:
        print(row)
```

如果使用 csv 中的 register_dialect() 函数注册一个新的方言，命名为"pipes"，并且将"|"作为分割符，那么上面程序的执行结果将为：

```
['c1', 'c2', 'c3']
['0', 'a', 'abc']
['1', 'b', 'abc']
['2', 'c', 'abc']
['3', 'd', 'abc']
...
```

可以看到，这确实可以读取我们自定义的 CSV 方言。创建自定义方言的过程与读取的过程一样，只需要在 csv.writer() 函数中传入一个 dialect='pipes' 参数即可，在此就不赘述了。

7.1.4　将读取的结果转换成字典

部分读者可能还没有意识到，如果 CSV 文件拥有大量的栏，那么想要确认某一个数据在第几栏将是一件多么麻烦的事情。所幸，CSV 模块提供了一种以字典结构返回数据的方式，即使用 CSV 模块中的 DictReader()，参考下面的代码：

```
with open('/Users/jilu/Downloads/test.csv', 'r') as fr:
    rows = csv.DictReader(fr)

    for row in rows:
        print(row)
```

其运行的结果如下：

```
{'Fare': '7.8292', 'Name': 'Kelly, Mr. James', 'Embarked': 'Q', 'Age': '34.5',
'Parch': '0', 'Pclass': '3', 'Sex': 'male', 'SibSp': '0', 'PassengerId':
'892', 'Ticket': '330911', 'Cabin': ''}
{'Fare': '7', 'Name': 'Wilkes, Mrs. James (Ellen Needs)', 'Embarked': 'S',
'Age': '47', 'Parch': '0', 'Pclass': '3', 'Sex': 'female', 'SibSp': '1',
'PassengerId': '893', 'Ticket': '363272', 'Cabin': ''}
{'Fare': '9.6875', 'Name': 'Myles, Mr. Thomas Francis', 'Embarked': 'Q',
'Age': '62', 'Parch': '0', 'Pclass': '2', 'Sex': 'male', 'SibSp': '0',
```

```
'PassengerId': '894', 'Ticket': '240276', 'Cabin': ''}
```

程序会自动将每一行数据组织成一个字典，这样我们就无需关心第几列是什么数据了，只要使用字典的键就能获取我们想要的信息，这是极为方便的。

7.2　Excel 文件的读写

Excel 是微软 Office 套件中最重要的工具之一，也是数据科学中常用的图形化工具。很多人仍然习惯于使用 Excel 进行数据分析。本节将学习如何使用 Python 读写 Excel 文件，以方便程序员与数据分析师之间的交流，只要你需要跟别人合作，这种交流几乎是不可避免的。

下面将使用 Pandas 提供的方法来处理 Excel 文件，实际上 Pandas 是通过集成 xlrd 和 xlwt 来分别完成读和写 Excel 的工作的。虽然我们还没有正式地学习过 Pandas（后面的 10.2 节会专门学习 Pandas），但是这并不妨碍我们先了解其中的这个功能，读者可以通过下面的方式来安装 Pandas 的这个模块：

```
$pip install pandas
$pip install xlrd
$pip install xlwt
```

7.2.1　读取 Excel 文件

Excel 文件最基本的组成部分就是 Sheet，一个正常的 Excel 会拥有一个至多个 Sheet，如果没有改过名字的话，应该是 Sheet1、Sheet2、Sheet3 等。所以读取 Excel 文件的第一种最基础的方法就是使用 Pandas 中的 read_excel() 方法，并且还须制定要读取的文件名及 Sheet，示例代码如下：

```
# ! /usr/bin/python
# -*- coding: utf-8 -*-

from __future__ import print_function
import pandas as pd
from pandas import read_excel

pd.set_option('display.max_columns', 4)
pd.set_option('display.max_rows', 6)

df = read_excel('/Users/jilu/Downloads/A0202.xls', 'Sheet1')
print(df)
```

其运行结果如下：

```
2-2    全国各民族分性别、受教育程度的 6 岁及以上人口  Unnamed: 1 ... Unnamed: 23 Unnamed: 24
0                                   NaN         NaN   ...         NaN         NaN
1                                   NaN      单位：人   ...         NaN         NaN
2                                  民  族  6 岁及以上人口   ...         NaN         NaN
..                                  ...         ...   ...         ...         ...
60                                基诺族       21014   ...          11           9
61                           其他未识别的民族      574451   ...         132          52
62                          外国人加入中国国籍的        1360   ...           5           5

[63 rows x 25 columns]
```

可以看到，原始的 Excel 文件中有一些多余的空行，而且我们也不想在读取的数据中显示第一列的序号，那么将读取 Excel 的代码改为如下的形式：

```
df = read_excel('/Users/jilu/Downloads/A0202.xls', 'Sheet1', index_col=0,
skiprows=3)
```

再次运行之后得到的结果是：

```
                  6 岁及以上人口 Unnamed: 2        ...     Unnamed: 23 Unnamed: 24
民  族                                           ...
NaN                     合 计          男        ...             男           女
总  计            1242546122  633278387        ...       2351251     1787334
汉  族            1140804980  581418089        ...       2258424     1697235
...                     ...        ...        ...           ...         ...
基诺族                  21014      10648        ...            11           9
其他未识别的民族           574451     297632        ...           132          52
外国人加入中国国籍的            1360        514        ...             5           5
```

这一次就正常多了，在 read_excel() 函数中使用了 index_col 及 skiprows 这两个参数，前者是告诉程序哪一行是序号行，可以隐藏。第二个参数表示跳过 Excel 开头的几行，不去读取这些行的信息。

与打开普通文件的方式类似，也可以使用上下文管理器 with 打开 Excel 文件，如果一个 Excel 有多个 Sheet，则可以使用下面的方法来打开：

```
with pd.ExcelFile('/Users/jilu/Downloads/A0202.xls') as xls:
    for x in range(1, 2):
        df = read_excel(xls, 'Sheet{}'.format(x) , index_col=0, skiprows=3)
        print(df)
```

其执行的结果就不再赘述了。

7.2.2 写 Excel 文件

写 Excel 文件相对来说就更加简单一些，首先要创建一个 Pandas 的 DataFrame 的数据结构⊖，然后调用 DataFrame 的 to_excel() 方法，参考下面的程序：

```
df = pd.DataFrame([[1, 2, 3, 4], [5, 6, 7, 8], [9, 10, 11, 12]],
                  index=[0, 1, 2], columns=list("ABCD"))
df.to_excel('/Users/jilu/Downloads/test.xls')
```

我们可以使用由 Python 列表组成的列表⊖代表一个表格，每一个外层列表中的元素都对应了 Excel 中的一行，除了需要被保存的数据之外，还需要指明每一行的索引及每一列的列名。这里遵循 Excel 的规则——行索引使用数字，列名使用大写字母。最终保存的文件 test.xls 的内容如图 7-1 所示。

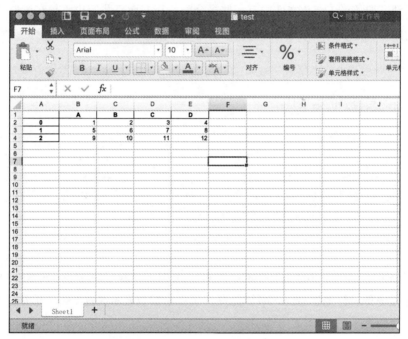

图 7-1　Python 写入 Excel 例子

本章只讨论了如何读取和写入 Excel 文件，使用 Pandas 实际上是使用 Pandas 的 DataFrame 的数据结构与 Excel 进行交互的。DataFrame 是一种与 Excel 完全兼容的数据结构，不仅看起来相似，甚至连实际的功能都很相似（甚至更加强大）。可能有些读者对于 DataFrame 的操作还存有一定的疑问，因为本章并没有详细地讲解如何使用 DataFrame，对此感兴趣的读者可以提前阅读第 10 章的内容以了解更多关于 DataFrame 的操作。

⊖　各种不同的方法可以参考第 10 章对应的部分。

⊖　通常我们称这种结构为"列表的列表"，因为 Python 的列表中可以容纳任意 Python 类型，以此类推，还有"字典的列表"、"元组的列表"，等等。

7.3　MySQL 的读写

MySQL 是最常用的关系型数据库之一，如果要从事数据科学，那么几乎是不可能绕开 MySQL 这一关的。严格来说，MySQL 也是 SQL 的一种实现，与 ORACLE、SQL Server 类似。而且 MySQL 还是免费开源的，这非常有利于我们的学习。为了开展本节的学习，你需要安装 MySQL 数据库，MySQL 数据库支持几乎所有的常见的系统平台，包括 Mac、Linux、Windows 及其他的多种平台。关于 MySQL 的下载和安装，可以参考其官方网站：http://dev.mysql.com/downloads/mysql/。当然如果读者有条件，也可以使用远程数据库，这样就不需要进行额外的安装了，具体的情况可以咨询你的网络管理员（如果有的话）。以下的内容假设读者已经在本机安装和启动了 MySQL 服务，首先来验证一下 MySQL 的安装情况：

```
$mysql --version
mysql  Ver 14.14 Distrib 5.6.22, for osx10.10 (x86_64) using  EditLine wrapper
```

执行美元符号后面的命令，会输出上面的结果（在笔者的 Mac 电脑上是这样的），如果已经得到这样的信息那就说明 MySQL 已经正确地安装了。

接下来需要进入 MySQL shell 来查看 mysql 的状态：

```
$ mysql -u test -p
```

执行上面的命令，-u 后面是你在安装 MySQL 时指定的用户名，在运行完这个命令之后，命令行将会提示输入密码，只要输入安装 MySQL 时设定的密码即可，接下来将会显示 MySQL 的欢迎信息，具体如下：

```
Welcome to the MySQL monitor.  Commands end with ; or \g.
Your MySQL connection id is 28
Server version: 5.7.9 MySQL Community Server (GPL)

Copyright (c) 2000, 2014, Oracle and/or its affiliates. All rights reserved.

Oracle is a registered trademark of Oracle Corporation and/or its
affiliates. Other names may be trademarks of their respective
owners.

Type 'help;' or '\h' for help. Type '\c' to clear the current input statement.

mysql>
```

欢迎信息的最后一行 " mysql> " 即为 mysql 的命令提示符，从现在开始，我们就需要使用 SQL 命令了，那么，下面先来大致查看一下 MySQL 的状态，使用 show 命令可以查看我们一共拥有多少个数据库：

```
mysql> show databases;
+--------------------+
| Database           |
+--------------------+
| information_schema |
| default            |
| mysql              |
| performance_schema |
| sys                |
+--------------------+
5 rows in set (0.00 sec)
```

SQL 命令必须以分号结尾，请不要忘记这一点。从执行的结果来看，我们的系统中已经存在几个默认的数据库了，想要使用某个数据库可以使用 use 命令，然后再用 show 命令查看有几个数据库表格，示例如下：

```
mysql> use default
Reading table information for completion of table and column names
You can turn off this feature to get a quicker startup with -A

Database changed
mysql> show tables;
+-------------------+
| Tables_in_default |
+-------------------+
| ipdata            |
+-------------------+
1 row in set (0.00 sec)
```

这里已经创建了一个数据库表格，大家可以尝试在 mysql> 后执行下面的 SQL 语句创建一个用于本节测试之用的数据库[⊖]：

```
CREATE TABLE `ipdata_1000` (
  `id` int(11) NOT NULL AUTO_INCREMENT,
  `startip` bigint(20) DEFAULT NULL,
  `endip` bigint(20) DEFAULT NULL,
  `country` varchar(45) DEFAULT NULL,
  `carrier` varchar(200) DEFAULT NULL,
  PRIMARY KEY (`id`),
  KEY `sip` (`startip`),
  KEY `eip` (`endip`)
) ENGINE=InnoDB AUTO_INCREMENT=1001 DEFAULT CHARSET=utf8;
```

完成上述操作之后，接下来就可以继续学习了，为了练习本节的内容，读者还需要安装下列 Python 第三方库：

```
$pip install MySQL-python
$pip install torndb
```

⊖ 这条命令包含在附送代码的 **ipdata_1000.sql** 文件中。

7.3.1　写入 MySQL

本节与前两节的描述顺序略有不同，这里首先会讲解如何写入数据。因为与 CSV 文件和 Excel 不同，MySQL 的数据文件没办法通过快捷的方式进行分发，所以只能先通过学习写入的方式为数据库表中填充数据。

首先我们要从随书附送的代码中获取将要写入数据库中的数据，如下：

```
startip,endip,country,carrier
0,16777215,IANA,保留地址
16777216,16777471,澳大利亚,CZ88.NET
16777472,16778239,福建省,电信
16778240,16779263,澳大利亚,CZ88.NET
16779264,16781311,广东省,电信
16781312,16785407,日本,Beacon 服务器
16785408,16793599,广东省,电信
```

这是一个 IP 地理位置的列表，所有的 IP 地址都经过了十进制转换，以节约空间。可以使用前面介绍的知识来读取这个文件，并将每一行转换成一个 SQL 插入语句，示例如下：

```
with open('/Users/jilu/Downloads/ipdata.csv', 'r') as fr:
    sql = 'insert into ipdata_1000 ({}) values ({})'
    rows = csv.reader(fr)
    header = rows.next()
    for row in rows:
        print(sql.format(', '.join(header), ', '.join(row)))
```

上面的代码通过 rows.next() 的方法获取了原始 CSV 中第一行的表头，然后使用字符串格式化的方法生成了若干 SQL，其执行的结果如下：

```
insert into ipdata_1000 (startip, endip, country, carrier) values (0,
16777215, IANA, 保留地址)
insert into ipdata_1000 (startip, endip, country, carrier) values (16777216,
16777471, 澳大利亚, CZ88.NET)
insert into ipdata_1000 (startip, endip, country, carrier) values (16777472,
16778239, 福建省, 电信)
insert into ipdata_1000 (startip, endip, country, carrier) values (16778240,
16779263, 澳大利亚, CZ88.NET)
...
```

这只是一个简单的 SQL 示例，实际上这个 SQL 示例在某种程度上还是错误的，因为 SQL 中的字符串需要使用双引号括起来，当然这并不重要，我们不会使用这种方式向 MySQL 中插入数据，因为直接通过字符串拼接 SQL 非常容易被 SQL 注入攻击。这里只是借此简单地讲解一下 SQL 插入语句的结构，其结构可以抽象成下面的样子：

```
insert into 表名 (字段名列表) values (值列表)
```

正确插入数据的方式应该如下面的代码一样：

```
# ! /usr/bin/python
# -*- coding: utf-8 -*-

from __future__ import print_function
import csv
import torndb

# 连接参数
mysql = {
    "host": "localhost",
    "port": "3306",
    "database": "default",
    "password": "123456",
    "user": "test",
    "charset": "utf8"
}

# 数据库连接
db = torndb.Connection(
    host=mysql["host"] + ":" + mysql["port"],
    database=mysql["database"],
    user=mysql["user"],
    password=mysql["password"],
    charset="utf8")

with open('/Users/jilu/Downloads/ipdata.csv', 'r') as fr:
    sql = 'insert into ipdata_1000 ({}) values ({})'
    rows = csv.reader(fr)
    header = rows.next()
    for row in rows:
        _sql = sql.format(', '.join(header), ', '.join(['%s'] * len(row)))
        db.insert(_sql, *row)
```

这里的 SQL 语句与上例中的 SQL 语句是一致的，但是具体的数据及与 SQL 的拼接将由程序自动完成，我们只需要对每一行的数据调用一次 db.insert() 函数即可。在该程序中，db 来自于从 torndb 模块中建立的数据库连接，如果大家是参考本小节进行的试验，那么在 mysql 这个字典之中仅需要关心 user 及 password 这两个参数即可，前者是在安装数据库时输入的用户名，后者是密码。任何数据库在实施读写操作之前都需要进行数据库的连接，可以使用 roendb.Connection() 创建一个数据库连接。

为了更加高效地插入数据，可以使用 insertmany() 函数同时插入多行数据，这里仅需要将 with 语法块中的代码修改成下面的形式即可：

```
with open('/Users/jilu/Downloads/ipdata.csv', 'r') as fr:
    sql = 'insert into ipdata_1000 ({}) values ({})'
    rows = csv.reader(fr)
    header = rows.next()
```

```
_sql = sql.format(', '.join(header), ', '.join(['%s'] * len(header)))
db.insertmany(_sql, rows)
```

通过上面的代码可以得到和第一个版本同样的结果，但是速度更快了（当数据很多时）。
7.3.2 节将介绍如何读取 MySQL 数据。

7.3.2　读取 MySQL

如果读者已经有了一个拥有数据的表，或者按照 7.3.1 节的步骤插入了一些数据，那么
已经存在一个数据库连接 db 了，下面的示例仍然需要使用这个数据库进行连接。想要获取
数据库表中的数据需要通过一个新的 SQL 来实现：

```
sql * from 表名
```

下面就使用这个语句来获取数据库中的数据[⊖]，参考下面的代码：

```
rows = db.query('select * from ipdata_1000')
for row in rows:
    print(row)
```

其运行之后的结果为：

```
{'startip': 0L, 'endip': 16777215L, 'carrier': u'\u4fdd\u7559\u5730\u5740',
'id': 1L, 'country': u'IANA'}
{'startip': 16777216L, 'endip': 16777471L, 'carrier': u'CZ88.NET', 'id': 2L,
'country': u'\u6fb3\u5927\u5229\u4e9a'}
{'startip': 16777472L, 'endip': 16778239L, 'carrier': u'\u7535\u4fe1', 'id':
3L, 'country': u'\u798f\u5efa\u7701'}
{'startip': 16778240L, 'endip': 16779263L, 'carrier': u'CZ88.NET', 'id': 4L,
'country': u'\u6fb3\u5927\u5229\u4e9a'}
{'startip': 16779264L, 'endip': 16781311L, 'carrier': u'\u7535\u4fe1', 'id':
5L, 'country': u'\u5e7f\u4e1c\u7701'}
{'startip': 16781312L, 'endip': 16785407L, 'carrier': u'Beacon\u670d\
u52a1\u5668', 'id': 6L, 'country': u'\u65e5\u672c'}
...
```

结果并不是类似于 CSV 的表格结构，而是每一行都是一个 Python 字典，这是使用
torndb 这个 MySQL 客户端的优势，就像前面在讲解 CSV 读取时提到的，如果能将读取数
据的结果转换成 Python 字典将会对后续数据的操作提供极大的便利，尤其是在原始数据列
非常多的情况下。

⊖　大家需要理解这并不是一本讲解 MySQL 的书，所以所涉及的 SQL 只能是最简单的形式，仅为了演示如
　　何使用 Python 获取数据库中的内容。

Chapter 8 第 8 章

统 计 编 程

"统计学是最好学的数学分支"，虽然可能会有部分读者不赞同这点，不过笔者还是希望能借此让大家放下戒心来学习本章的内容。统计学之所以容易入门，最主要的原因在于它是源自于生活的一门学科，在古希腊，统计学用于统计人口和农业产量，即使是在现代，很多地方也会用到统计学，比如购物时计算平均价格，投票时统计得票率等，故而大家对于"正态分布"这个概念已比较熟悉。计算概率及贝叶斯方法虽然稍有难度，但也都曾编进中学课本，可以说关于统计的知识，每个人在一定程度上都会有所掌握。本章将带领读者回忆一下这部分内容。

另外本章还会讲解数据可视化的部分内容，这部分主要使用 matplotlib 库中的 pyplot 模块，所以请在开始这个章节的学习之前，确保你的计算机已经安装了 matplotlib 库，可以通过下面的代码进行安装：

```
$pip install matplotlib
```

8.1 描述性统计

均值、中位数、方差作为最基本的描述性统计概念，相信大家是再熟悉不过的了，下面就通过实例来简单地复习一下。

8.1.1 人口普查数据

本节将以"中华人民共和国国家统计局"发布的关于第六次人口普查的数据为基础来进

行实例讲解。第六次全国人口普查截止于 2010 年 11 月 1 日，主要调查人口和住户的基本情况，内容包括：性别、年龄、民族、受教育程度、行业、职业、迁移流动、社会保障、婚姻生育、死亡、住房情况等。人口普查的对象是在中华人民共和国（不包括香港、澳门和台湾地区）境内居住的自然人。

读者可通过访问国家统计局官方网站 http://www.stats.gov.cn/tjsj/pcsj/ 来下载本节将会用到的数据，首先，在该网站选择第六次人口普查数据，如图 8-1 所示。

图 8-1　下载所需的数据一

然后选用"第一部分　全部数据资料"中的"第二卷　民族"中的"2-1 全国各民族分年龄、性别的人口"的数据，如图 8-2 所示。

这样会下载到一个名为"A0201.xls"的 Excel 文件。前面已经学习过如何从 Excel 中提取我们所需要的信息，读者可以自己尝试解析这个 Excel 文件，不过为了方便本章的学习，这里会提供一个标准的参考程序⊖，如下：

```
# ! /usr/bin/python
# -*- coding: utf-8 -*-

from __future__ import print_function
```

⊖　这个程序需要依赖 Pandas 这个 Python 的第三方库来处理 Excel 文件，如果读者没有学习第 7 章而直接阅读本章，那么可以通过 pip install pandas 安装这个依赖。

```python
import pandas as pd
from collections import OrderedDict

import sys

reload(sys)
sys.setdefaultencoding("utf-8")

def read_excel():
    """读取人口普查分民族 / 年龄 / 性别统计
    """
    excel_content = pd.read_excel('/Users/jilu/Downloads/A0201.xls',
                                  skiprows=2)
    race_list = excel_content.irow(0)[1:][::3].tolist()
    # 去掉字符中间的空格
    age_list = map(lambda x: str(x).replace(' ', ''),
                   excel_content.icol(0)[2:].tolist())
    excel_content = pd.read_excel('/Users/jilu/Downloads/A0201.xls',
                                  skiprows=4)
    def get_num(lines):
        ret_dict = OrderedDict()
        for k, v in lines.to_dict().items():
            new_v_dict = OrderedDict()
            for vk, vv in v.items():
                new_v_dict[age_list[int(vk)]] = vv
            ret_dict[k.split('.', 1)[0]] = new_v_dict # 将每一列表头中 "." 号后面的字符去掉
        return ret_dict

    result_dict = OrderedDict()
    for i, x in enumerate(range(1, 178, 3)):
        ids = [x, x + 1, x + 2]
        race_list[i] = race_list[i].replace(' ', '')
        result_dict[race_list[i]] = get_num(excel_content.icol(ids))

    return result_dict


if __name__ == '__main__':
    import json
    print(json.dumps(read_excel(), ensure_ascii=False, indent=4))
```

运行结果如下：

```
{
    "合计": {
        "女": {
            "总计": 650481765,
            "0-4岁": 34470044,
            "0": 6325235,
            "1": 7082982,
            "2": 7109678,
            "3": 6978314,
            "4": 6973835,
            "5-9岁": 32416884,
    ...
```

图 8-2　下载所需的数据二

现在将原来的二维表格构建成字典的结构，最外层的字典就是原始表格的第一行，即"合计、汉族、蒙古族"这一行，如图 8-3 所示。

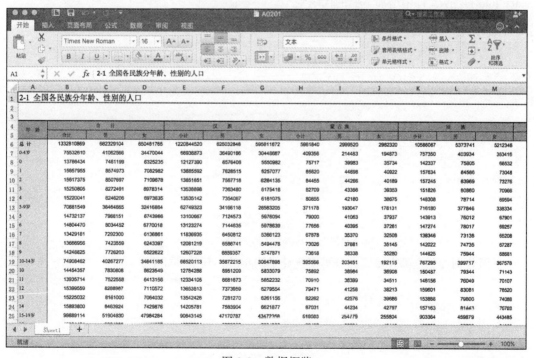

图 8-3　数据概览

第二级字典的键是每一个民族下所包含的三类：小计、男、女（在合计中，没有小计，而是合计）。最后一级字典的键就是表格左侧的表头：总计、0～4岁、0等。需要注意的是，这个表格的左侧表头中每隔5岁就会有一个年龄段的小计，在后文的计算中，请勿重复计数，可以在遍历这层字典时使用字典键的 .isdigit() 方法来进行区分。

8.1.2 均值和中位数

如果有一个包含有 n 个值的样本 x，那么这个样本的均值就等于这些值的总和除以样本的数量。对于均值，大家应该很容易理解，比如我买了1千克葡萄，总共100粒，那么平均每一粒葡萄就是10克。

衡量葡萄的重量时，使用均值看起来是合理的，但是衡量一个城市人民的收入水平时，均值似乎就会有一点点不公平，因为少数富人会把平均值拉高，这个时候就需要使用中位数了。顾名思义，中位数就是将样本中的所有值按照从大到小的顺序排列，取最中间位置的那个值。而且全部的样本中刚好一半的值比中位数大，一半的数比中位数小。因为富人的比例可能相当低，所以他们的收入几乎不会影响中位数的取值。

在解释完了均值和中位数的概念之后，让我们使用人口普查的例子来演示一下，在 stats_tutorial.py 文件中增加下面的代码⊖：

```python
def calc_mean(d):
    total = 0
    total_age = 0
    for age, count in d.items():
        if age.isdigit():
            total += count
            total_age += int(age) * count
    return total_age / float(total)


if __name__ == '__main__':
    d = read_excel()
    for t in [u"合计", u"男", u"女"]:
        mean_count = calc_mean(d.get(u"合计").get(t))
        print("{}人口平均年龄".format(t), mean_count)
```

下面分别按照全部人口，并分男女统计平均年龄，其结果如下：

```
合计人口平均年龄 35.6418422815
男人口平均年龄 35.1097775125
女人口平均年龄 36.1999727351
```

⊖ if __name__ == '__main__' 语句只能有一个，所以读者应当把原先的那个删掉。

从这个结果上看，我国女同胞为平均寿命做出了更多的贡献，而且女性的平均年龄要比男性的长 1 年还多一点点。下面再从中位数的角度来看一看结果有没有什么变化，参考如下代码：

```
def calc_median(d):
    total = d.get("总计")
    half_total = total / 2.0
    count_total = 0
    for age, count in d.items():
        if age.isdigit():
            count_total += count
        if count_total > half_total:
            break
    return age

if __name__ == '__main__':
    d = read_excel()
    for t in [u"合计", u"男", u"女"]:
        median_count = calc_median(d.get(u"合计").get(t))
        print("{}人口中位数年龄".format(t), median_count)
```

上面代码运行的结果如下：

```
合计人口中位数年龄 35
男人口中位数年龄 35
女人口中位数年龄 36
```

从结果上来看，并没有太大的变化，女性人口仍然在年龄上占有 1 年的优势。

8.1.3　方差和标准差

在统计全国人口平均年龄时，使用均值及中位数就能够很客观地反应真实的情况，不过当我们统计各民族人口数时，很明显，均值和中位数都无法给出合理的解释，因为均值是反映集中的趋势。汉族总计 12 亿多一点，占据了绝大部分人口数，而有些人口较少的民族仅有数千人，这时就需要通过方差来进行统计，因为方差反映的是分散的情况，方差的计算公式如下：

$$\sigma^2 = \frac{1}{n} \overset{\circ}{\underset{i}{a}} (x_i - \mu)^2$$

其中 n 是样本数，x 是每一个样本值，u 是这些样本的均值。而方差的平方根就称为标准差。为了计算方便，我们需要重新构建数据，将每个民族小计、男、女的人口数分别提取出来。实现该功能可在 stats_tutorial.py 中增加如下代码：

```
def get_race_num():
```

```python
from collections import defaultdict
d = read_excel()
cc = defaultdict(list)
for t in [u"小计", u"男", u"女"]:
    for k, v in d.items():
        if k == u"合计":
            continue
        cc[t].append((k, v.get(t).get("总计")))

race_num_dict = OrderedDict()
for k, v in cc.items():
    race_num_dict[k] = dict(v)

return race_num_dict
```

上面的代码可以把我们从 Excel 中提取出来的数据转换成下面的格式：

```
{
    "女": {
        "达斡尔族": 67126.0,
        "哈尼族": 797562,
        "珞巴族": 1879.0,
        ...
    },
    "男": {
        "达斡尔族": 64866.0,
        "哈尼族": 863370,
        "珞巴族": 1803.0,
        ...
    },
    "小计": {
        "达斡尔族": 131992,
        "哈尼族": 1660932,
        "珞巴族": 3682.0,
        ...
        "白族": 1933510,
        "怒族": 37523
    }
}
```

与计算均值和中位数一样，先来创建一个函数用于计算方差：

```python
def calc_variance(d):
    mean = sum(d.values()) / float(len(d.values()))
    total = 0
    for k, v in d.items():
        total += (v - mean) ** 2
    return total / float(len(d.values()))


if __name__ == '__main__':
```

```
import math

d = get_race_num()
for k, v in d.items():
    var = calc_variance(v)
    std = math.sqrt(var)
    print(k, var, std)
```

运行结果如下[回]：

```
女 5.99870690503e+15 77451319.5822
男 6.60156924257e+15 81250041.4927
小计 2.51861200753e+16 158701354.989
```

也可以尝试在 get_race_num() 函数的 if k == u" 合计 " 这一行增加 or k == u" 汉族 "，以排除汉族巨大人口数量的影响，再次运行之后的结果如下：

```
女 3.09300910852e+12 1758695.28586
男 3.41196025133e+12 1847149.22281
小计 1.30001535918e+13 3605572.57476
```

这次的方差和标准差都小了不少，因为样本的离散度减小了，所以方差和标准差也减小了。需要注意的是，在不同的单位之间进行方差比较是没有意义的，比如比较人口数的方差和年龄的方差，因为年龄的最大跨度也不过 100 岁，其产生的方差必然是很小的。

8.1.4　分布

虽然简单的均值或方差能够在一定程度上反应数据趋势，但也可能掩盖了某些不易察觉的情况，这个时候就需要使用分布这个工具了，而能够展现分布的最好的工具就是直方图。本节将使用 pylab 来绘制直方图，在 stats_tutorial.py 中追加下列代码即可实现。

```
if __name__ == '__main__':
    import matplotlib.pyplot as plt

    d = read_excel()
    men_num = d.get(u" 合计 ").get(u" 男 ")
    women_num = d.get(u" 合计 ").get(u" 女 ")
    bottom = [0] * 100
    color_list = ['b', 'y']
    p_list = []
    for i, item in enumerate([men_num, women_num]):
        dr = OrderedDict([(int(k), int(v)) for k, v in item.items() if
k.isdigit()])
        age_list, num_list = dr.keys(), dr.values()
```

⊖　请注意结果中末尾的 e+15 是科学计数法，代表 10 ** 15（" ** " 两个连续的星号几乎在任何一种编程语言中都代表乘方的意思，所以 10**15 代表 10 的 15 次方）。

```
        p = plt.bar(age_list, num_list, bottom=bottom, color=color_list[i])
        bottom = num_list
        p_list.append(p)
plt.ylabel('Population')
plt.xlabel('Age')
plt.title(' 各年龄段人口分布 ')

plt.legend((p_list[0][0], p_list[1][0]), ('Men', 'Women'))
plt.show()
```

其运行结果如图 8-4 所示。

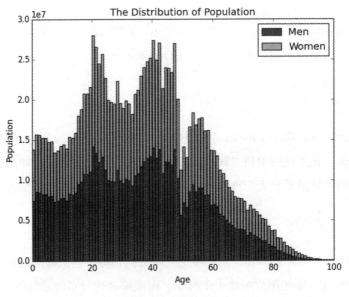

图 8-4　数值的直方图

上面将全国各年龄段的总人口数[⊖]按男性和女性的分类形式分别绘制到了图 8-4 中。从图 8-4 中可以明显地看出，截止到 2011 年，20 岁以下的人口是比较少的，因为这一代人是受计划生育影响比较大的一代。那么 30 岁左右的波谷又是怎么回事呢？原来是 1982 年 "计划生育" 被定为基本国策，那个时期是把关比较严的时期，因此人口出生较少。而之后又有所反弹，直到最近十一二年。由于当年计划生育那一代人的基数比较少，因此他们的后代出生必然也会减少，也就造成了 10 岁左右的波谷。这就是我国 20 岁以下人口较少的原因。

图 8-4 是直接使用 "频数" 绘制的直方图，由于人口数过于巨大，y 轴的单位只能以科学技术法来表示。事实上，还可以将频数进行 "归一化"，然后使用每个年龄段占总人口的比例这个单位来绘制直方图。要想实现此方式，需要在 stats_tutorial.py 中增加下面这个函数：

⊖　请注意，这里使用的是第六次人口普查的数据，也就是这些人的年龄是截止于 2011 年的。

```
def calc_pmf(data_list):
    ret_list = []
    total = sum(data_list)
    for item in data_list:
        ret_list.append(float(item) / total)
    return ret_list
```

这个函数很简单，只是把频数换算为比例了，然后在源代码中增加了一行：

```
for i, item in enumerate([men_num, women_num]):
    dr = OrderedDict([(int(k), int(v)) for k, v in item.items() if k.isdigit()])
    age_list, num_list = dr.keys(), dr.values()
    num_list = calc_pmf(num_list)    # 新增
    p = plt.bar(age_list, num_list, bottom=bottom, color=color_list[i])
    bottom = num_list
    p_list.append(p)
```

运行的结果如图 8-5 所示。

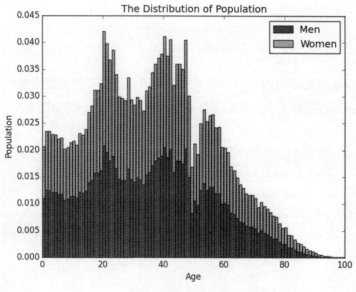

图 8-5　概率质量函数直方图

新绘制的直方图[⊖]（图 8-5）称为概率质量函数（PMF），将其称为函数可能会使部分读者感到迷惑，不过在数学中，所谓函数就是将一组值映射到另外一组值上，而图 8-5 正好表示的是人口的频数到其概率上的映射。

到目前为止，前面所绘制的分布都称为经验分布，其中的样本是基于观察的、有限的，后续的章节还会学习到连续分布，这是一种从数学函数中生成的理想化的分布。在这之前让

    ⊖　注意，y 轴的坐标值单位有所改变。

我们先学习一下数据可视化的内容。

8.2 数据可视化入门

在 8.1 节中，已经初步见识过使用 Python 绘图是一件多么简单的事情了。只要几行代码就可以将复杂的数据以直观的图形表达出来，这点正应了我国的一句古话"一图胜千言"。本节将学习如何使用 Python 中 matplotlib 库的 pyplot 模块绘制最基本的图形，以及柱状图、折线图、饼图、散点图这类统计图形。

8.2.1 pyplot 基础

在最基本的图形中折线图和散点图是最容易的，下面就来尝试执行下列的代码：

```
import matplotlib.pyplot as pl

plt.plot([1, 2, 3, 4], [2, 1, 5, 6])
plt.show()
```

请注意 show() 函数是必须调用的，如果没有调用，虽然图形仍然会被绘制，但却不会显示出来。调用 show() 函数之后，你的屏幕上会出现一个窗口，类似图 8-6。

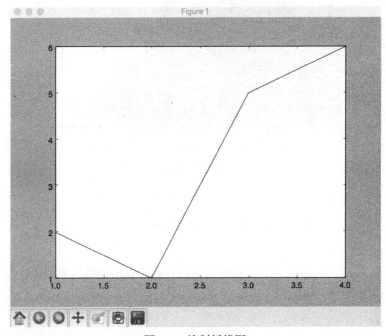

图 8-6　绘制折线图

在图 8-6 中，窗口的标题是 Figure 1，这是一个默认的绘图窗口名。而我们所看到的折线，则是按照提供的参数 [1, 2, 3, 4] 及 [2, 1, 5, 6] 描点而成，其中第一个参数是 x 轴的刻度，第二个参数是 y 轴的刻度。每一个点都由对应的 x 轴和 y 轴两个刻度共同决定，最后再用直线将这些点连接起来，就得到了图 8-6。窗口最底下是一些按钮，最右侧的按钮可以保存当前的图像，而其余的按钮则是用来调整图像显示效果的。如果要退出显示，只需关掉图片窗口即可，被挂起的 Python 程序这时会正常退出。

如果想在一张图上多次绘图，或者同时绘制多张图像也是可以的，可以尝试运行下面的代码：

```
plt.figure(1)
plt.plot([1, 2, 3, 4], [2, 1, 5, 6])
plt.figure(2)
plt.plot([1, 2, 3, 4], [3, 1, 4, 6])
plt.savefig("/Users/jilu/Downloads/fig2")
plt.figure(1)
plt.plot([2, 4], [0, 2])
plt.savefig('/Users/jilu/Downloads/fig1')
```

得到的图形如图 8-7 所示。

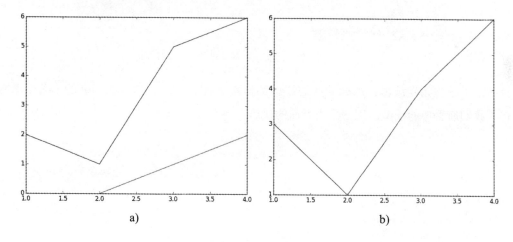

图 8-7　同时绘制

这次使用 savefig() 函数将所绘制的图片保存起来，并且使用 figure() 函数来指定当前操作的对象是图 8-7a 还是图 8-7b。可以看到，在图 8-7a 的界面中绘制了两条折线。我们还可以给图片添加标题及 x, y 轴的说明，示例如下：

```
plt.plot([1, 2, 3, 4], [2, 1, 5, 6])
plt.title(u' 标题 ')
plt.xlabel(u'x 坐标轴标签 ')
```

```
plt.ylabel(u'y 坐标轴标签 ')
plt.show()
```

运行上面的代码将得到如图 8-8 所示的图形。

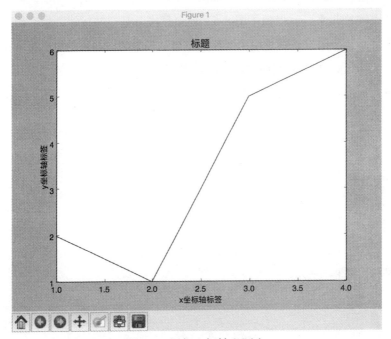

图 8-8　添加坐标轴和题头

如果不单独指定线型，那么默认的线型都是蓝色直线（b-)，可以在 plot 的第三个参数中传入我们所希望的线型，比如采用下面的代码：

```
x = range(30)
l1 = plt.plot(x, x, 'ro')
l2 = plt.plot(x, [y**2 for y in x], 'bs')
l3 = plt.plot(x, [y**3 for y in x], 'g^')
plt.title(u' 不同线型测试 ')
plt.xlabel(u'x 坐标轴标签 ')
plt.ylabel(u'y 坐标轴标签 ')
plt.legend((l1[0], l2[0], l3[0]), ('1', '2', '3'))

plt.show()
```

运行之后可得到如图 8-9 所示的图形。

线型标记由两个部分组成，如图 8-9 中最下面的线其线型标记是 " ro"，其中 r 代表 red，表示线的颜色，o 则代表是点状线⊖。为了能够区分不同的线，右上角还增加了图例，

　⊖　详细的颜色和线型可以参考文档：http://matplotlib.org/users/pyplot_tutorial.html。

使用 legend() 方法，可以绘制图例。这个函数需要用到的两个参数均是列表型，第一个参数是 plot() 函数返回值的第一项的列表，第二个参数是每条曲线所代表含义的字符串描述的列表。

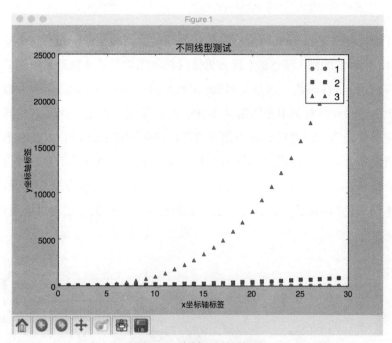

图 8-9　绘制不同的线型

掌握基本图形的绘制已足以应付下面的课程，后续章节中还会重点介绍几种特殊图形的绘制方法。

8.2.2　柱状图和饼图

8.2.1 节中已经学习了如何绘制折线图及散点图（主要是线型的区别），本节将学习如何绘制柱状图及饼图，这是两个最常用的统计图形。在前面讨论全国人口普查数据时，曾经绘制过柱状图。让我们再看一下代码的核心部分，以便后续进行讲解：

```
bottom = [0] * 100
color_list = ['b', 'y']
p_list = []
for i, item in enumerate([men_num, women_num]):
    dr = OrderedDict([(int(k), int(v)) for k, v in item.items() if k.isdigit()])
    age_list, num_list = dr.keys(), dr.values()
    p = plt.bar(age_list, num_list, bottom=bottom, color=color_list[i])
    bottom = num_list
    p_list.append(p)
```

```
plt.ylabel('Population')
plt.xlabel('Age')
plt.title(' 各年龄段人口分布 ')

plt.legend((p_list[0][0], p_list[1][0]), ('Men', 'Women'))
plt.show()
```

这里一开始就定义了 bottom 的值，即柱状图开始绘制的位置，先将这 100 条柱状图的底均设置为 0，所以 b 图例（深色的）代表男性的柱状图均是从 x 轴开始绘制的。绘制柱状图时这里不再使用 plot() 函数，而是使用 bar 函数，这个函数与 plot() 函数类似，第一个值是 x 坐标轴上的单位（在本例中是年龄从 1-100 岁），第二个值是每个 x 对应其 y 轴上的高度。待绘制完男性的直方图之后，将当前直方图的顶赋值给 bottom，以便在第二次绘制女性直方图时直接从每条直方图的顶端开始绘制。bar() 函数中的第三个参数可以指定直方图从哪里开始绘制，第四个参数就是直方图的颜色了。我们通过这样的方式将男性和女性的年龄分布使用不同颜色⊖画在了一张直方图上，如果有更多的分类，还可以绘制更多的分类，如图 8-10 所示。

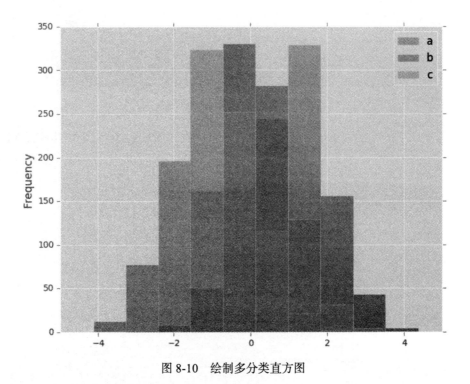

图 8-10　绘制多分类直方图

讲完了柱状图，再来看看饼图。饼图的绘制也并不难，不过需要注意的是，饼图无法承

⊖　因为黑白印无法显示颜色，实际上当读者自己在电脑上执行程序时是彩色的图片。

载很多的类别，还是拿全国人口年龄分布为例，在绘制饼图时就不能使用 1 ~ 100 岁划分为 100 个区域的方式了。那怎么办呢？受到原始统计 Excel 的启发，可以使用每 5 岁一个小计的方式进行绘制，所以可参考下面的代码：

```
d = read_excel()
total_num = d.get(u" 合计 ").get(u" 合计 ")
fracs = []
labels = []
for k, v in total_num.items():
    if k.endswith(" 岁 "):
        fracs.append(v)
        labels.append(k)

plt.pie(fracs, labels=labels, autopct='%1.1f%%', startangle=90)

plt.title(u' 全国人口分布 ')
plt.show()
```

执行代码可得到如图 8-11 所示的图例。

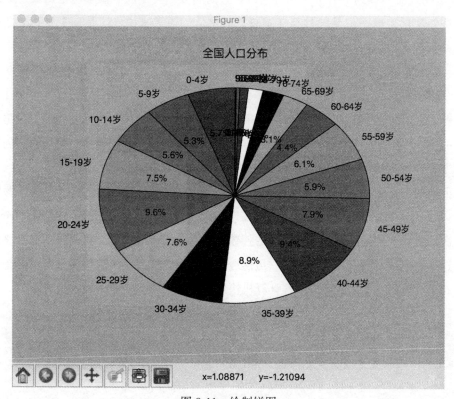

图 8-11　绘制饼图

从图 8-11 中可以看到，由于大于 70 岁的人口数所占的比例实在过低，图例已经重叠在一起了，虽然我们有很多种办法在外面标注图例，不过最好的办法就是不要在饼图中分这么多的区域。但在此之前，还是先来分析一下绘制图 8-11 的函数吧！首先，可以将饼图想象成将一个柱状图像地毯一样卷了起来而形成的图，饼图的外围圆环等于柱状图的 x 轴，每个三角形的面积等于柱状图在 y 轴方向的高度。所以，对于绘制饼图的函数 pie()，其理解方式与柱状图并无太大差异，只不过第一个参数换作了数据（相当于柱状图的第二个参数），第二个参数才是单位（相当于柱状图的第一个参数）。有了这两个基本的参数，我们就能绘制饼图了。

绘图是了解数据最直观的方式，读者不妨使用自己收集来的数据多绘制一些图，如果想要绘制更加复杂的图形，则可以参考 pyplot 的官方文档：http://matplotlib.org/users/index.html。

8.3 概率

8.2 节不经意间提到了概率——将人口普查的频数图转换成了概率质量函数，那么概率是什么呢？实际上概率就是频数与样本总数的比值，通常来说，这是一个 0 到 1 之间的数字，比如我们常说抛一个硬币，当硬币落下时正面朝上的概率是 50%，转化成小数表示就是 0.5，或者掷一个 6 面的公平色子，获得 1 点的概率是 1/6，转换成小数大概是 0.16667。那么连续掷了两次色子都获得一点的概率是多少呢？

稍等，想要通过中学或大学学习的概率论知识进行计算的读者先不要动手，这是一本学习编程的书，可不是数学书。虽然这个基本的概率计算已经得到了证明，但是我们仍然要用实验的方式进行验证，这种手段在编程中被称作"蒙特卡洛模拟"。

在上面的问题中，两次色子的值都为 1 被称为事件（Event，E），而这个事件发生的概率则可以表示为 P(E)，为了探求这个结果，投掷了无数次色子的过程称为实验（trial）。通过无限次的实验，并且以最终事件发生的频数除以总共的试验次数，将所得到的最终值作为概率，这一点绝大多数人都能够接受。虽然通过真人做这样一个实验略显愚蠢，但是如果我们足够相信计算机，那么就可以依赖计算机快速地完成实验。参考下面的代码：

```python
# ! /usr/bin/python
# -*- coding: utf-8 -*-

from __future__ import print_function
from random import choice

def throw_dice():
    return choice([1, 2, 3, 4, 5, 6])
```

```
def one_trial(trial_count=100000):
    success_count = 0
    for x in range(trial_count):
        t1 = throw_dice()
        t2 = throw_dice()
        if t1 == t2 == 1:
            success_count += 1

    return success_count / float(trial_count)

if __name__ == '__main__':
    for x in range(10):
        print(x + 1, one_trial())
```

这里首先定义了一个掷色子的函数，这个函数使用 random.choice() 随机地从 1 ~ 6 的数字中选取一个以模拟色子的功能。然后我们又定义了一个 one_trial() 函数，这个函数默认会重复 10 万次掷两次色子，如果两个色子同时为 1 就记一次成功，然后返回在所有的试验中有多大的比例能够成功。最后运行 10 次该函数，将得到下面的结果：

```
1 0.02892
2 0.02744
3 0.02741
4 0.02788
5 0.02659
6 0.0274
7 0.02745
8 0.02725
9 0.02822
10 0.02704
```

可以看到，多次结果之间的差距是非常小的，这与我们的预期相符，只要进行足够多次的实验，某个事件出现的概率应该是稳定的（如果读者已经算出了掷两次色子都为 1 的概率为 1/6*1/6=0.2778，那么就会发现这个实验的结果还是相当准确的）。看起来我们应当相信实验的结果，这是因为"大数定理"这个定律的存在。根据这个定理，对于独立重复的试验（就像本实验一样，每次实验互相之间都没有影响），如果特定的事件概率是 p，那么在经过无数次试验之后，出现这个事件的概率一定无限接近概率 p。

不过需要注意的是，大数定律并不像很多赌徒（买彩票也算）所想的那样——如果实际的事件发生的概率和计算的概率不相符，那么在未来这种偏差会逐渐缩小。这种对回归原则的错误理解也被称为"赌徒谬误"。也就是说每一期无论是买固定的一个号还是随机买一个号，中奖的概率是一致的，并不存在一直买一个号就会逐渐提高中奖概率的情况。

Chapter 9 第 9 章

爬虫入门

虽然数据科学家可能没有精力去研究爬虫程序，但是有些时候我们需要处理的数据可能需要其他的一些数据作为辅助，而这些数据无论是来自公共的 API 还是网页，都需要通过相应的技术抓取回来。本章将会介绍一些关于爬虫的基本概念：HTTP 请求、DOM 树解析等。有了爬虫这个工具，我们才能对互联网上浩如烟海的数据进行自如地访问和处理。

9.1　网络资源及爬虫的基本原理

通常来说，网络上的数据都属于资源的一种，有的是纯粹的网页，有的是图片，有的是音乐，有的是视频，还有其他的资源等。一般情况下，在访问一个网址（比如：http://www.jd.com/）时，会看到类似图 9-1 所示的界面。

这是一个网页，也称为一个网页资源，而我们常说的网址（http://www.jd.com/）也称为统一资源定位符（url），是用来唯一确定这个网页资源在互联网中位置的符号。很明显这个网页中不仅包含文字，还包括图片，当我们单击图片时会跳转到另外的网页中去，这称为"超链接"。我们还可以右击图片选择"复制图片地址" ⊖，如图 9-2 所示。

然后就会得到一个新的 url：

```
http://img30.360buyimg.com/da/jfs/t2335/287/1812967836/44343/
b673f11b/56dfdc15Nf8afbcd5.jpg
```

⊖　笔者这里使用的是谷歌浏览器，笔者建议读者也使用该浏览器进行爬虫程序的编写，如果你用的是其他的浏览器，那么可能在本书讲解过程中使用到的部分功能你是无法使用的。

图 9-1 先观察待抓页面

图 9-2 复制图片链接地址

当我们直接将这个 url 粘贴进浏览器的地址栏时，会得到一个仅包含一张图片的网页，如图 9-3 所示。

此时就直接访问了这张图片资源。网页也称为 HTML，是"超文本标记语言"的缩写[⊖]，超文本是指页面内可以包含图片、连接、音乐、程序等非普通文字的元素，而互联网中的网页就是通过一个个 url 互相连接起来的。如果想要查看网页的源代码，那么右击网页空白处，选择"显示网页源代码"即可，如图 9-4 所示。

⊖ HTML 是一种标记语言，是有别于编程语言的，HTML 的一行只声明这一行是什么，不会像编程语言一样告诉计算机应该怎么做。

图 9-3　只有一张图片的页面

```
1  <!DOCTYPE html>
2  <html>
3  <head>
4  <meta charset="gbk" />
5  <title>京东(JD.COM)—综合网购首选-正品低价、品质保障、配送及时、轻松购物! </title>
6  <link rel="dns-prefetch" href="//misc.360buyimg.com" />
7  <link rel="dns-prefetch" href="//img10.360buyimg.com" />
8  <link rel="dns-prefetch" href="//img11.360buyimg.com" />
9  <link rel="dns-prefetch" href="//img12.360buyimg.com" />
10 <link rel="dns-prefetch" href="//img13.360buyimg.com" />
11 <link rel="dns-prefetch" href="//img14.360buyimg.com" />
12 <link rel="dns-prefetch" href="//img30.360buyimg.com" />
13 <link rel="dns-prefetch" href="//d.3.cn" />
14 <link rel="dns-prefetch" href="//d.jd.com" />
15 <link rel="icon" href="//www.jd.com/favicon.ico" mce_href="//www.jd.com/favicon.ico" type="image/x-icon">
16 <meta name="description" content="京东JD.COM-专业的综合网上购物商城,销售家电、数码通讯、电脑、家居百货、服装服饰、母婴、图书、食品等数万个品牌优质商品.便捷、诚信的服务,为您提供愉悦的网上购物体验!">
17 <meta name="Keywords" content="网上购物,网上商城,手机,笔记本电脑,MP3,CD,VCD,DV,相机,数码,配件,手表,京东">
18
19 <script type="text/javascript">window.pageConfig = { compatible: true , navId:"jdhome2015" , preload: false , timestamp:1457582279000, surveyLink :
   'http://surveys.jd.com/index.php?r=survey/index/sid/689711/newtest/Y/lang/zh-Hans', surveyTitle : '调查问卷'};
20 </script>
21 <script type="text/javascript">
22 (function(w) {
23     var pcm = readCookie('pcm');
24     //var ua = w.navigator.userAgent;
25     var ua = w.navigator.userAgent.toLocaleLowerCase();
26     var url = '//union.m.jd.com/click/go.action?to=%2F%2Fm.jd.com%2F&type=1&unionId=pcmtiaozhuan&subunionId=pcmtiaozhuan&keyword=';
27     var matchedRE = /iphone|android|symbianos|windows\sphone/g;
28     function readCookie(name) {
29         var nameEQ = name + '=';
30         var ca = document.cookie.split(';');
31         for (var i = 0; i < ca.length; i++) {
32             var c = ca[i];
33             while (c.charAt(0) == ' ') {
34                 c = c.substring(1, c.length)
35             }
36             if (c.indexOf(nameEQ) == 0) {
37                 return c.substring(nameEQ.length, c.length)
38             }
39         }
40         return null
41     }
42     if ( matchedRE.test(ua) && pcm != '1' ) {
43         w.location.href = url;
44     }
45 })(window);
46 </script>
47
48
49     <style type="text/css" rel="stylesheet">/* jdf-1.0.0/ ui-base.css Date:2015-09-25 09:37:09 */
50 a,address,b,big,blockquote,body,center,cite,code,dd,del,div,dl,dt,em,fieldset,font,form,h1,h2,h3,h4,h5,h6,html,i,iframe,img,ins,label,legend,li,ol,p,pre,small,span,strong,u,ul,var
   {margin:0;padding:0}article,aside,details,figcaption,figure,footer,header,hgroup,main,nav,section,summary{display:block}hr{-moz-box-sizing:content-box;box-sizing:content-
```

图 9-4　网页源代码

可以看到这个文件是以 <!DOCTYPE html> 开头的一个文件，表示这是一个 HTML 文件，并且在文件里，到处都充斥着"＜＞"这样成对出现的符号，有的"＜＞"里是 head，有的则是 link、script 和 div 等不同的标记，这些标记称为标记标签，待浏览器获得这个网页的 HTML 源码之后，内部会有一个渲染引擎，通过解析 HTML 源码中标记的这些标签及内容将网页绘制到屏幕上，这样我们就能看见图形化的网页了。为了方便起见，下面将解释一个最基本的 HTML 中存在的几种标记标签：

```
<html>
<body>

<h1>My First Heading</h1>

<p>My first paragraph.</p>

</body>
</html>
```

在这个最基本的 HTML 中，

❑ <html> 与 </html> 之间的文本是网页中有效的 html 代码。

❑ <body> 与 </body> 之间的文本是我们实际上可见的页面内容。

❑ <h1> 与 </h1> 之间的文本是浏览器标签卡上显示的标题。

❑ <p> 与 </p> 之间的文本则为一个新的段落。

通常为了让网页更美观，我们还会使用 CSS 及 JavaScript 来增加样式，或者增加交互动画，不过在本节的爬虫程序中暂时不必关心这些东西，因为只要有前面的那些标签[⊖]就足以区分不同的内容了。因此想要通过程序获取网页中的内容了，就要通过程序（而不是浏览器）访问 url，获取 HTML 源码，并解析 HTML 标签中的内容，这就是爬虫的基本原理。

9.2　使用 request 模块获取 HTML 内容

可能有的读者在网上已经看过一些关于爬虫的教程，很多教程会使用 urllib2 这样的 Python 内置模块来讲解爬虫，不过想要让初学者理解 urllib2 中的逻辑还是要花费一番工夫的，因此这里选择了更容易学习的 requests 模块，这个模块不是标准库的一部分，需要进行额外地安装，就像以前的第三方模块一样，可使用 pip 进行安装，代码如下：

```
$pip install requests
```

9.2.1　关于 HTTP 协议

在本节开始之前，有必要了解一下什么是 HTTP 协议。再来看看 url 长什么样：

```
http://www.jd.com/
```

可以看到，在我们熟悉的 WWW 网址的前缀之前还有一个 http:// 的标志，这表示这个网页是通过 HTTP 协议进行访问的，对 HTTP 协议如何握手、如何通信有兴趣的读者可以自己上网搜集相关资料。这个协议是 WWW 网络的标准协议，中文名字称为 "超文本传输

⊖　想要了解全部标签的含义可以参考：http://www.w3school.com.cn/tags/html_ref_byfunc.asp。

协议"，基本上就是专门为了传输 HTML 文件而设计的。除了 HTTP 协议之外，常用的还有 HTTPS 协议，比如 https://www.baidu.com（https 协议属于一种加密的 HTTP 协议）。这两种协议都提供了一些方法用于通信，不过最常用的只有 GET 和 POST 方法了，前者用于获取数据，后者用于上传数据。由于爬虫程序只会获取数据，所以，这里只用了 GET 方法。让我们打开谷歌浏览器，在菜单的"更多工具"中找到"开发者工具"，如图 9-5 所示。

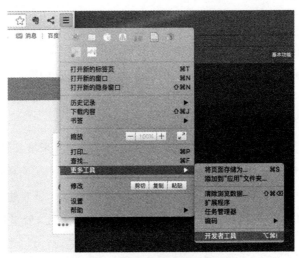

图 9-5 打开浏览器的开发者工具

此时，会打开一个专用的调试窗口，如图 9-6 所示。

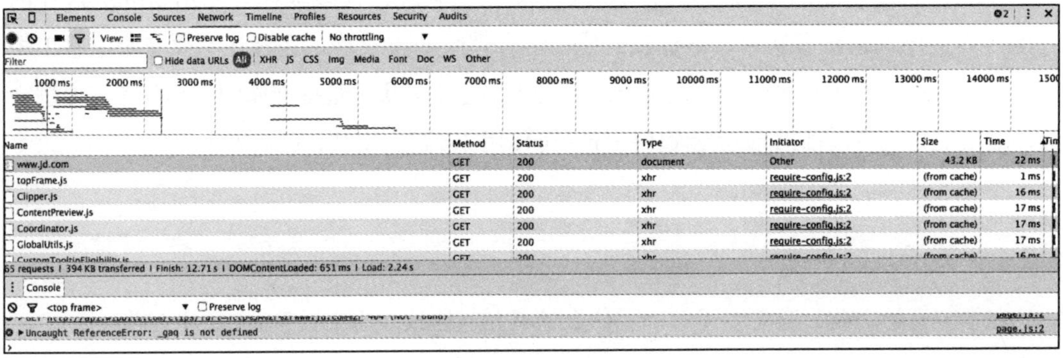

图 9-6 开发者工具界面

选择图 9-6 中的 Network 选项卡，然后刷新网页，就可以看到一次完整的 HTTP 请求的过程，在整个过程中，第一个发出的是 www.jd.com 这个资源的获取请求。可以看到，在 Name 一栏中第一行是 www.jd.com，这一行对应的 Method（也就是 HTTP 方法）为 GET，代表我们在获取数据，另外一个需要说明的就是 Status（也就是 HTTP 状态码），代表我们的请求是否成功，通常来说，200 代表此次请求是成功的。常见的 HTTP 代码有下面这几种[⊖]：

- ❏ 1xx：信息
- ❏ 2xx：成功
- ❏ 3xx：重定向
- ❏ 4xx：客户端错误
- ❏ 5xx：服务器错误

如果爬虫程序中出现了 4xx 这种情况（比如 404 页面），那就需要特别注意了，如图 9-7 所示。

图 9-7　404 页面

这代表我们的程序访问了错误的网页，需要修正这个错误。关于 HTTP 协议，一般了解到这个程度就足够了，下面就让我们正式开始爬虫之旅吧。

9.2.2　使用 requests 的 get 方法获取 HTML 内容

requests 的使用非常简单，这个模块抽象了所有关于 HTTP 底层的概念。直接使用 requests.get() 方法就等同于使用网络浏览器访问某个网站，比如下面的代码：

```
# ! /usr/bin/python
# -*- coding: utf-8 -*-

from __future__ import print_function
import requests
```

⊖　一个更详细的列表可以参考：http://www.w3school.com.cn/tags/html_ref_httpmessages.asp。

```
import sys
reload(sys)
sys.setdefaultencoding("utf-8")

resp = requests.get('http://www.jd.com')
print(resp.status_code)
print(resp.content.decode("gbk"))
```

得到的结果就是网页 www.jd.com 的 HTML 源码[⊖]，源码如下：

```
200
<!DOCTYPE html>
<html>
<head>
<meta charset="gbk" />
<title>京东 (JD.COM)－综合网购首选－正品低价、品质保障、配送及时、轻松购物！</title>
<link rel="dns-prefetch" href="//misc.360buyimg.com" />
<link rel="dns-prefetch" href="//img10.360buyimg.com" />
<link rel="dns-prefetch" href="//img11.360buyimg.com" />
<link rel="dns-prefetch" href="//img12.360buyimg.com" />
<link rel="dns-prefetch" href="//img13.360buyimg.com" />
...
```

此时可能有些电脑的终端打印的结果会有一些乱码（比如：◆◆◆◆◆ Ļ ◆◆◆ô◆◆◆ □◆◆◆◆◆），无法正确地显示中文。这时，一般在网页的原始 HTML 文件的头部会有类似 "<meta charset="gbk" />" 这样的标签，还记得第 4 章讲的字符集（charset）么？没错，这里要把这段 HTML 源码按照 GBK 字符集进行解码，可以注意到，我在最后一行的打印函数中使用了 " resp.content.decode("gbk") " 将 GBK 解码为 Python 可以识别的 Unicode 编码，这样就可以正确地获得中文了。在调用完 requests.get() 方法之后，返回值中有两个属性需要关注一下：一个是 resp.status_code，这个值就是前文所说的 HTTP 代码，当其为 200 时即代表正确的访问，就像上面的结果中显示的那样。第二个值得关注的就是 resp.content，打印这个属性会获取的 HTML 内容。

上面的例子演示了最基本的使用 requests.get() 访问网站 HTML 内容的方法，有的时候直接访问并不会得到我们在浏览器上看到的信息，比如某些需要登录才能实现的功能（购物车、订单信息等）。这是因为网站需要有登录信息才能确定如何向我们显示结果，比如在访问我的京东订单列表 " 'http://order.jd.com/center/list.action' " 这个 url 时，将获得的 HTML 文件保存成 .html 文件[⊜]：

```
resp = requests.get('http://order.jd.com/center/list.action', headers=None)
```

⊖ 因为篇幅的原因这里只打印出了部分的 HTML 内容，读者可以自己尝试运行这个程序以获取全部的源码。

⊜ 在保存文本文件时不需要经过转换 GBK 编码，因为浏览器可以自动识别文件编码。

```
with open('/Users/jilu/Downloads/jd_test.html', 'a') as fw:
    fw.write(resp.content)
```

再用浏览器打开时会获得这样的效果，如图 9-8 所示。

图 9-8　被重定向到了登录页面

这里仅仅取得了登录页面而不是我们想要的订单列表，该怎么办呢？在程序中实现账号密码登录是一项十分烦琐的功能。不过这难不倒我们，因为很多网站为了方便客户访问而不用每一次都输入密码，在我们的浏览器中也保存了一部分登录信息，当我们再次访问网站时，网站检测到了这部分信息就会直接让我们处于登录状态。现在让我们登录自己的账号，然后打开谷歌浏览器的开发者工具，选择 Network 选项卡，选择第一条"list.action"这个资源，这时会出现一个新的窗口，如图 9-9 所示。

在这个窗口的最下端，可以看到 Request Headers，如图 9-10 所示。

这是由一个键值对结构组成的内容，现在聚焦于 Cookie 这个键，可以看到这个键的值非常长⊖，这里面存储着我们的账户登录信息，有了它就可以免密码登录了。我们可以把 Request Headers 里的值放入一个名为 headers 的字典中，并且在调用 requests.get() 函数时为关键字参数 headers 赋值，示例如下：

```
headers = {"Accept":"text/html,application/xhtml+xml,application/
xml;q=0.9,image/webp,*/*;q=0.8",
          "Accept-Encoding":"gzip, deflate, sdch",
          "Accept-Language":"zh-CN,zh;q=0.8,en-US;q=0.6,en;q=0.4,zh-
```

⊖　为了保护我的隐私，我对其中大部分的值做了模糊处理。

```
TW;q=0.2,ja;q=0.2",
            "Cache-Control": "max-age=0",
            "Connection": "keep-alive",
            "Cookie": "lighting=275B4E6D3831EA...443768",
            "Host": "order.jd.com",
            "Referer": "http//cart.jd.com/cart",
            "Upgrade-Insecure-Requests": "1",
            "User-Agent": "Mozilla/5.0 (Macintosh; Intel Mac OS X 10_11_3)
AppleWebKit/537.36 (KHTML, like Gecko) Chrome/48.0.2564.116 Safari/537.36"}
resp = requests.get('http://order.jd.com/center/list.action', headers=headers)

print(resp.status_code)
with open('/Users/jilu/Downloads/jd_test_1.html', 'a') as fw:
    fw.write(resp.content)
```

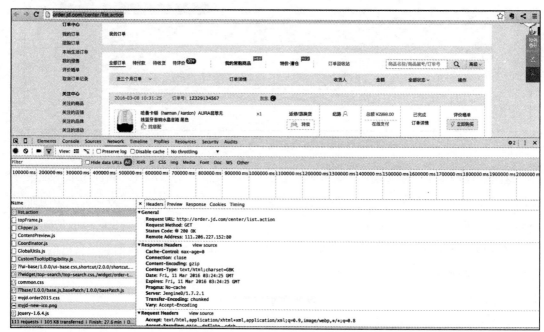

图 9-9　使用开发者工具进行调试

图 9-10　headers 的例子

在浏览器中打开再次运行后获取的 HTML 页面，如图 9-11 所示。

图 9-11　在浏览器中直接打开的 HTML

这时就可以看到订单的内容了。怎么样？是不是很有趣，9.3 节将会讲解如何通过程序解析 HTML 中我们想要的信息。

9.3　使用 Xpath 解析 HTML 中的内容

通常来说，HTML 代码是一种为机器设计的标记语言，并且符合一种名为 DOM（文档对象模型）的模型，理论上只要有一种程序可以解析 DOM 就可以解析 HTML 文件了，可以按照标签的层级查找我们想要的元素。Xpath 则是一门在 HTML 中查找信息的语言，本节将会更加关注 HTML 的结构、层级，以及如何使用 Xpath 编写命令查找我们想要的 HTML 信息。前面已经看过很多次京东网站的页面了，下面就以爬取主页上的"全部商品分类"来讲解如何使用 Xpath，如图 9-12 所示。

图 9-12　京东商品分类目录

要使用 Xpath 功能，就要安装 lxml 这个第三方库，安装命令如下：

```
$pip install lxml
```

9.3.1　HTML 的层级和 Xpath 的基本概念

让我们打开谷歌浏览器的"开发者工具"，然后单击工具栏左上角的 图标，并选择京东首页上的"全部商品分类"，这样就自动跳转到 Elements 选项卡上来，如图 9-13 所示。

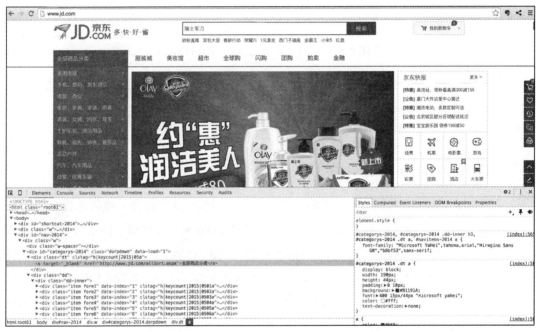

图 9-13　使用开发者工具寻找想要的元素

此时可以看到，不同的 HTML 标签以一定的层级结构被展示了出来，而高亮显示的一行则正是" <a target="_blank" href="http://www.jd.com/allSort.aspx"> 全部商品分类 </a>"。需要注意的是，在一个 HTML 定义中，被" > <"符号所夹的文字将会是在网页上显示出来的文字，而在" < >"符号中属性为 href 的值则是鼠标单击时的超链接。我们还可以将鼠标悬停在对应的行上，此时在网页中会以高亮的形式显示这一行代码所对应的部分，如图 9-14 所示。

若将鼠标悬停在 HTML 属性 class 值为" item fore3"（浅蓝色）的这一行上，网页上对应"电脑、办公"这一行也会以浅蓝色高亮显示出来。

下面来谈一下 HTML 的层级。与 Python 的缩进一样，HTML 也是会有缩进的，不同级别的 HTML 标签有着不同的缩进，同一个缩进级别代表这些 HTML 元素是在同一个代码块中。从视觉上可以清楚地感觉到，商品列表中的 15 个分类与全部商品在同一个视觉层级上。实际上在图 9-14 中 HTML 属性 class 值为 dt 的代码块中包含"全部商品分类"，而 class 值为 dd 的代码块中只包含其余 15 个分类。若想要访问这 15 个分类，则要在 class 值为 dd 的代码块中再下降一个层级，使 class 值等于 dd-inner 处。那么整个 HTML 路径就是 <body><div><div><div><div>，这样就可以获得整个分类列表了。若要进一步获取其中的中文类目名，则要再进一步，相关的代码截图如图 9-15 所示。

图 9-14　使用选择工具找到目标代码

图 9-15　找到的目标代码

沿着标签 <div> → <h3> → <a> 的路径寻找，就到达了最后一个层级，现在不妨来尝试一下：

```
# ! /usr/bin/python
# -*- coding: utf-8 -*-

from __future__ import print_function
import requests
from lxml import etree

resp = requests.get('http://www.jd.com')
doc_main = etree.HTML(resp.content)
for x in doc_main.xpath("//body/div/div/div/div/div/div/h3/a"):
    print(*x.xpath("text()") + x.xpath("@href"))
```

结果如下所示[⊖]：

```
家用电器 http://channel.jd.com/electronic.html
手机 http://shouji.jd.com/
数码 http://shuma.jd.com/
京东通信 http://mobile.jd.com/
电脑、办公 http://diannao.jd.com/
家居 http://channel.jd.com/home.html
家具 http://channel.jd.com/furniture.html
家装 http://channel.jd.com/decoration.html
厨具 http://channel.jd.com/kitchenware.html
男装 http://channel.jd.com/1315-1342.html
女装 http://channel.jd.com/1315-1343.html
...
```

将获取的 HTML 内容作为参数传给 lxml.etree.HTML()，这样就能够使用 xpath() 方法来查找我们想要的 HTML 元素了，这里以完整的标签层级[⊜]作为 xpath() 的参数。在打印函数中再次调用 xpath() 函数，并且可以使用 xpath 语法中的 "text()"[⊜]获取 HTML 中的文本元素，也就是商品的分类；以及使用 "@href" 获取 HTML 属性为 href 的值，也就是分类对应的 url。不过细心的读者可能会发现，原始分类菜单中的 "手机、数码、京东通信" 是在一行上的，但是为什么我们现在所使用的解析方式将其解析成了多行呢？再看一下原始菜单中的第二行到底发生了什么，如图 9-16 所示。

可以看到有 3 个标签 <a> 被并列放置着，原来是我们自己忽视了这个问题，现在要将获取 HTML 的层级向前退一步，代码改为：

```
for x in doc_main.xpath("//body/div/div/div/div/div/div/h3"):
```

⊖ 只截取了部分结果。

⊜ 也可以称为 Xpath 路径。

⊜ text() 用于获取 HTML 标签中的文本内容，@ 符号用于获取标签中属性的值，详细的 xpath 语法可以参考：http://www.w3school.com.cn/xpath/xpath_syntax.asp。

```
print(*x.xpath("a/text()") + x.xpath("a/@href"))
```

```
▼<div id="categorys-2014" class="dorpdown" data-load="1">
  ►<div class="dt" clstag="h|keycount|2015|05a">…</div>
  ▼<div class="dd">
    ▼<div class="dd-inner">
      ►<div class="item fore1" data-index="1" clstag="h|keycount|2015|0501a">…</div>
      ▼<div class="item fore2" data-index="2" clstag="h|keycount|2015|0502a">
        ▼<h3>
            <a target="_blank" href="http://shouji.jd.com/">手机</a>
            "、"
            <a target="_blank" href="http://shuma.jd.com/">数码</a>
            "、"
            <a target="_blank" href="http://mobile.jd.com/">京东通信</a>
          </h3>
          <i>></i>
        </div>
      ►<div class="item fore3" data-index="3" clstag="h|keycount|2015|0503a">…</div>
      ►<div class="item fore4" data-index="4" clstag="h|keycount|2015|0504a">…</div>
      ►<div class="item fore5" data-index="5" clstag="h|keycount|2015|0505a">…</div>
      ►<div class="item fore6" data-index="6" clstag="h|keycount|2015|0506a">…</div>
```

图 9-16　找到问题的所在

这回的结果就正确了，如下：

```
家用电器 http://channel.jd.com/electronic.html
手机 数码 京东通信 http://shouji.jd.com/ http://shuma.jd.com/ http://mobile.jd.com/
电脑、办公 http://diannao.jd.com/
...
```

到目前为止，虽然还没有讲解 Xpath 的概念，但是我们已经能够使用 Xpath 查找 HTML 中所要的信息了。其实 Xpath 简单得很，基本上就是顺着 HTML 层级，逐级地找到我们所定义的 Xpath 路径即可，虽然 Xpath 后面还有很多内容，但是本章只需掌握这些内容就足够了，有兴趣的读者可以参考：http://www.w3school.com.cn/xpath/index.asp 进行进一步的学习。

9.3.2　使用谷歌浏览器快速创建 Xpath 路径

如果爬取每一个页面都要逐步分析 Xpath 路径，那岂不是太麻烦了？有没有更简单的方式呢？当然有，谷歌浏览器开发者工具为我们提供了一些方便的工具。打开"开发者工具"之后，选择 Elements 选项卡，右击想要获得其 Xpath 路径的 HTML 代码块，选择 Copy → Copy Xpath，如图 9-17 所示。

现在就获得了该代码块的 Xpath 路径，如下：

```
//*[@id="categorys-2014"]/div[2]/div[1]/div[4]
```

与我们自己通过绝对路径找到的 Xpath 不同，这一次谷歌浏览器开发者工具自动生成的 Xpath 是利用 ID 这个属性的值等于 categorys-2014 这个相对路径开始查找的（图 9-17 中代码的第四行）。而接下来的几个 div 则相较我们的路径多了方括号括住的数字，这种表示方法与 Python 中的列表下标一样，代表的是某个 HTML 层级中的第几个 div 块。比如这里选中的是 class 值为"item fore4"这一行，所以最后一个代码块为 div[4]。下面在自己的代码中尝试使用这个 Xpath：

```
lines = doc_main.xpath('//*[@id="categorys-2014"]/div[2]/div[1]/div/h3')
for i, main_cat in enumerate(lines):
    sub_cat_list = main_cat.xpath('a/text()')
    sub_cat_url_list = main_cat.xpath('a/@href')
```

结果与之前是没有任何区别的，读者不妨自己试验一下。

图 9-17　使用开发者工具创建 Xpath

9.3.3　使用谷歌浏览器复制需要 JS 渲染的 HTML 页面

　　就像本章开始所说的一样，现代网站、网页的制作已经变成了一个复杂的编程工作，很多页面的动画均是 JavaScript 完成的，比如 www.jd.com 主页品类菜单的展开界面就是这样，如图 9-18 所示。

　　图 9-18 中的两个图从上到下，就是一个由 JS 渲染的页面，图 9-18 下面的内容只有当 JavaScript 代码运行完毕后才会出现出来，而不会在我们从 www.jd.com 获取的 HTML 源码中直接体现出来。那么如何获取这部分由 JS 渲染的 HTML，以用于解析呢？在谷歌浏览器开发者工具中，可以通过右击 class 值为 dropdown-layer 的节点，选择 Copy → Copy outerHTML 来

获取已经渲染好了的 HTML 代码块，随后可以打开一个文本编辑器（比如 Sublime Text），创建一个新的文档，为刚才复制的内容创建一个名为 jd_dropdown.html 的文件，如图 9-19 所示。

图 9-18　通过 JS 动态生成的页面

图 9-19　找到并复制动态页面的 HTML 代码

　　然后按照 9.3.2 节的方法，找到我们想要的 HTML 元素，获取其 Xpath 路径，如图 9-20 所示。

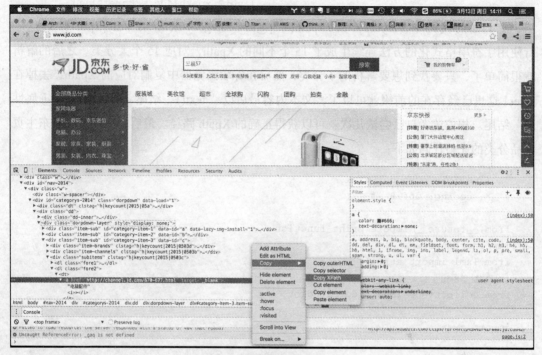

图 9-20　获取 Xpath 路径

　　比如这里想要获取每个大分类中的子分类，以图 9-20 为例，即为获取"电脑、办公"大分类中"电脑配件"的子分类，其 Xpath 为：

```
//*[@id="category-item-3"]/div[3]/dl[2]/dt/a
```

　　可能细心的读者已经发现了，在这个 dropdown 的列表中，每一个大分类对应的子分类所弹出的菜单中 id 这个属性的值是不同的[⊖]，比如第三大类对应的就是 category-item-3，那么想要遍历 15 个大分类就需要逐个进行解析了，现在为了解析这些大分类下属的子分类，需要使用下面的代码：

```
with open('/Users/jilu/Downloads/jd_dropdown.html', 'r') as fr:
    content = fr.read()
doc = etree.HTML(content)
for x in range(1, 16):
    layer1 = doc.xpath('//*[@id="category-item-{}"]/div[3]/dl'.format(x))
    for layer2 in layer1:
        cat = {"cat_name": (layer2.xpath("dt/a/text()") or
```

⊖　这仅仅是因为 www.jd.com 这个网站是如此编写的，并不表示其他的网站也会这样编写。

```
                          layer2.xpath("dt/span/text()"))[0],
              "url": (layer2.xpath("dt/a/@href") or [''])[0],
              "sub_cat_name": dict(zip(layer2.xpath("dd/a/text()"),
                                  layer2.xpath("dd/a/@href")))}}
```

在上面的代码中，layer1 = doc.xpath('//*[@id="category-item-%s"]/div[3]/dl' % x) 这一行使用字符串格式化的方法连续生成了 15 个不同的 Xpath，对应 15 个大分类。之后的解析就很简单了，只要找到想要解析的子分类，然后在谷歌浏览器中复制对应的 Xpath，去掉在 layer1 这里已经存在的前缀就可以了，文本内容最后以"text()"结尾，属性值以"@ 属性名"结尾。相信读者自己尝试几次就可以获得正确的 Xpath 路径。最后，抓取整个京东主页商品分类的完整代码如下：

```python
#! /usr/bin/python
# -*- coding: utf-8 -*-

from __future__ import print_function
import requests
from lxml import etree
import json
from collections import defaultdict

import sys

reload(sys)
sys.setdefaultencoding("utf-8")

def get_jd_mean_page_list():
    result_dict = {}
    resp = requests.get('http://www.jd.com')
    doc_main = etree.HTML(resp.content)
    lines = doc_main.xpath('//*[@id="categorys-2014"]/div[2]/div[1]/div/h3')
    for i, main_cat in enumerate(lines):
        sub_cat_list = main_cat.xpath('a/text()')
        sub_cat_url_list = main_cat.xpath('a/@href')
        result_dict[i + 1] = {"mean_cat": dict(zip(sub_cat_list, sub_cat_url_
list)), 'sub_cat_list': []}
    with open('/Users/jilu/Downloads/jd_dropdown.html', 'r') as fr:
        content = fr.read()
    doc = etree.HTML(content)
    for x in range(1, 16):
        layer1 = doc.xpath('//*[@id="category-item-{}"]/div[3]/dl'.format(x))
        for layer2 in layer1:
            cat = {"cat_name": (layer2.xpath("dt/a/text()") or
                                layer2.xpath("dt/span/text()"))[0],
```

```
                "url": (layer2.xpath("dt/a/@href") or [''])[0],
                "sub_cat_name": dict(zip(layer2.xpath("dd/a/text()"),
                                         layer2.xpath("dd/a/@href")))}
            result_dict[x]['sub_cat_list'].append(cat)
    return json.dumps(result_dict, ensure_ascii=False, indent=4)


if __name__ == '__main__':
    print(get_jd_mean_page_list())
```

运行的结果（节选一小部分）如下：

```
{
    "1": {
        "mean_cat": {
            "家用电器": "http://channel.jd.com/electronic.html"
        },
        "sub_cat_list": [
            {
                "url": "http://channel.jd.com/737-794.html",
                "cat_name": "大家电",
                "sub_cat_name": {
                    "冰箱": "http://list.jd.com/list.html?cat=737,794,878",
                    "酒柜": "http://list.jd.com/list.html?cat=737,794,12401",
                    "DVD": "http://list.jd.com/list.html?cat=737,794,965",
                    ...
                }
            },
            {
                "url": "http://channel.jd.com/737-794.html",
                "cat_name": "厨卫大电",
                "sub_cat_name": {
                    "消毒柜": "http://list.jd.com/list.html?cat=737,13297,1301",
                    "燃气灶": "http://list.jd.com/list.html?cat=737,13297,13298",
                    ...
                }
            }
            ...
        ]
    },
    "2": {

    ...
}
```

9.4 实战：爬取京东商品品类及品牌列表

在本章前几节的例子中，讲解了完整地获取京东主页主要分类及二级分类的方法，本节将尝试使用刚刚学习到的知识做一些有趣的事情。假如我是一个没见过什么世面的乡下人，那么我应该如何在短时间之内了解市面上主流的商品品牌呢？这样我与其他人一起逛商场时就不至于尴尬了。让我们利用本章前面几节已经获得的京东二级分类列表，逐一地爬取其品牌列表，页面的品牌一栏如图 9-21 所示。

图 9-21　京东品类列表

在 jd_spider.py 文件中增加下面这个函数：

```python
def get_jd_brand_list(url):
    resp = requests.get(url)
    doc = etree.HTML(resp.content)
    sub_doc = doc.xpath('//*[@id="J_selector"]/div[2]/div/div[2]/div[2]/ul')
    brand_list = []
    for item in sub_doc:
        for x in zip(item.xpath('li/@id'),
                    item.xpath('li/a/text()'),
                    item.xpath('li/a/@href')):
            brand_list.append(x)
```

```
return brand_list
```

这个函数需要一个 url 作为参数，这个 url 就是某一个具体的二级分类的网址，通过使用谷歌开发者工具，可以很容易地获得品牌列表的 Xpath 路径：

//*[@id="J_selector"]/div[2]/div/div[2]/div[2]/ul

出人意料的是京东的商品品牌似乎有一个编号，当我在查看品牌列表时，发现了每一个品牌都有一个 id 属性，这个属性均以 brand- 开头，后面接一个 4 位或 5 位的数字，就像图 9-22 中高亮显示的那样。

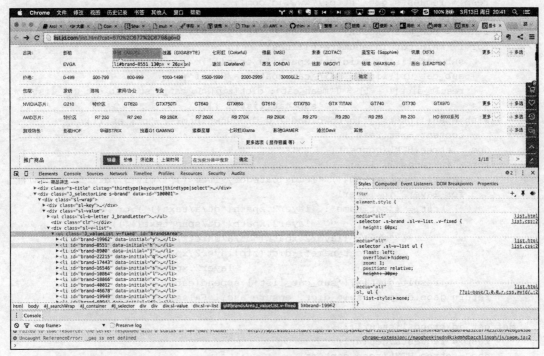

图 9-22　关于品类列表新的发现

不管怎么样先把它们都抓下来吧。获取文本与连接的 Xpath 与之前的一致。最后还需要一个函数对京东首页每个子品牌的 url 调用 get_jd_brand_list() 函数。除此之外，我还"顺便"把每个品类的一些其他属性抓了下来，比如价格区间的划分，或者像图 9-22 中的性能、NVIDIA 芯片、AMD 芯片等行的信息，完整的代码如下：

```
# ! /usr/bin/python
# -*- coding: utf-8 -*-

from __future__ import print_function
import requests
from lxml import etree
```

```python
import json
from collections import defaultdict

import sys

reload(sys)
sys.setdefaultencoding("utf-8")


def get_jd_mean_page_list():
    result_dict = {}
    resp = requests.get('http://www.jd.com')
    doc_main = etree.HTML(resp.content)
    lines = doc_main.xpath('//*[@id="categorys-2014"]/div[2]/div[1]/div/h3')
    for i, main_cat in enumerate(lines):
        sub_cat_list = main_cat.xpath('a/text()')
        sub_cat_url_list = main_cat.xpath('a/@href')
        result_dict[i + 1] = {"mean_cat": dict(zip(sub_cat_list, sub_cat_url_list)),
                              'sub_cat_list': []}
    with open('/Users/jilu/Downloads/jd_dropdown.html', 'r') as fr:
        content = fr.read()
    doc = etree.HTML(content)
    for x in range(1, 16):
        layer1 = doc.xpath('//*[@id="category-item-{}"]/div[3]/dl'.format(x))
        for layer2 in layer1:
            cat = {"cat_name": (layer2.xpath("dt/a/text()") or
                                layer2.xpath("dt/span/text()"))[0],
                   "url": (layer2.xpath("dt/a/@href") or [''])[0],
                   "sub_cat_name": dict(zip(layer2.xpath("dd/a/text()"),
                                            layer2.xpath("dd/a/@href")))}
            result_dict[x]['sub_cat_list'].append(cat)
    return json.dumps(result_dict, ensure_ascii=False, indent=4)


def get_jd_brand_list(url):
    resp = requests.get(url)
    doc = etree.HTML(resp.content)
    sub_doc = doc.xpath('//*[@id="J_selector"]/div[2]/div/div[2]/div[2]/ul')
    brand_list = []
    for item in sub_doc:
        for x in zip(item.xpath('li/@id'),
                     item.xpath('li/a/text()'),
                     item.xpath('li/a/@href')):
            brand_list.append(x)

    sub_doc = doc.xpath('//*[@id="J_selector"]/div/div')
    other_dict = defaultdict(list)
    for i, item in enumerate(sub_doc):
        title = item.xpath("div/span/text()")
        for x in zip(item.xpath('div/div/ul/li/a/text()'),
                     item.xpath('div/div/ul/li/a/@href')):
```

```
        other_dict[title[0]].append(list(x))
    return brand_list, other_dict

def run():
    jd_cat_dict = get_jd_mean_page_list()
    for mean_key, mean_value in jd_cat_dict.items():
        for sub_cat_item in mean_value.get("sub_cat_list"):
            sub_cat_item['sub_cat_list'] = []
            for sub_cat_key, sub_cat_value in sub_cat_item.get("sub_cat_
name").items():
                brand_list, other_dict = get_jd_brand_list(sub_cat_value)
                sub_cat_item['sub_cat_list'].append(
                    {"sub_cat_name": sub_cat_key, "sub_cat_url": sub_cat_value,
                     "brand_list": brand_list, "other_dict": other_dict})
                print(sub_cat_key, sub_cat_value)
    with open('/Users/jilu/Downloads/jd_cat_brand_all.json', 'a') as fw:
        fw.write(json.dumps(jd_cat_dict, ensure_ascii=False, indent=4))

if __name__ == '__main__':
    run()
```

最终保存到 **jd_cat_brand_all.json** 的结果如下，由于结果太长，这里只展示了部分内容：

```
{
    "11": {
        "mean_cat": {
            "生鲜": "http://channel.jd.com/freshfood.html",
            "食品": "http://channel.jd.com/food.html",
            "特产": "http://china.jd.com",
            "酒类": "http://channel.jd.com/wine.html"
        },
        "sub_cat_list": [
            {
                "url": "http://channel.jd.com/wine.html",
                "sub_cat_list": [
                    {
                        "sub_cat_url":
...
```

以上内容在随书附送的代码中都能找到完成代码，感兴趣的读者不妨先自己尝试一下，再参考附送的代码进行调试，而且由于京东的商品内容可能会随着时间的推移有所改变，因此实际得到的结果可能会与我给出的结果稍有不同，这点是很正常的。

在结果中可以看到，在"家用电器"，"冰箱"的分类中，有"海尔""美的""西门子"等 18 个分类，在"灯具"和"筒灯射灯"的分类中有"雷士""飞利浦""佛山照明"等 18 个分类，等等，读者可以将整个 JSON 文本粘贴到一些在线的 JSON 查看器中⊖，这样就能

⊖ 比如：http://www.bejson.com/jsonview2/。

有一个折叠代码的功能，以方便按结构查看 JSON 的内容，就像图 9-23 所示的一样。

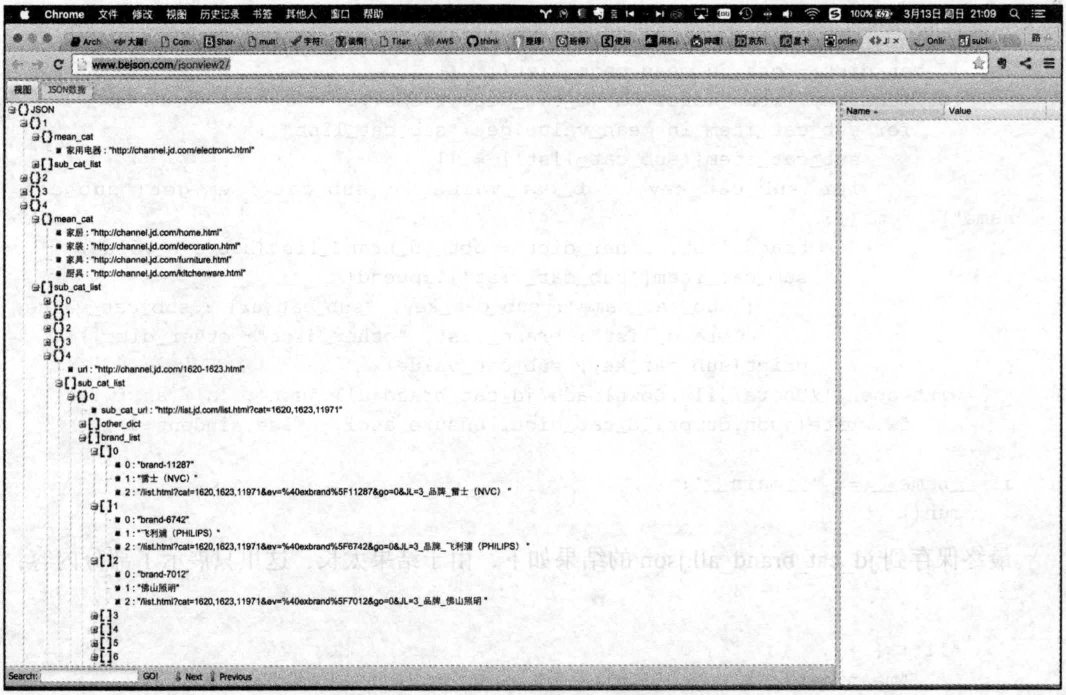

图 9-23　使用可视化工具格式化 JSON 数据

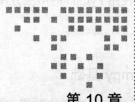

第 10 章 *Chapter 10*

数据科学的第三方库介绍

拥有众多数据科学相关的第三方库是 Python 受到青睐的主要原因，这其中又以 Numpy、Pandas 和 Scikit-learn 三者最为著名。Numpy 是 Python 科学计算库，它为 Python 提供了矩阵运算的能力，是科学计算的基础。Pandas 是 Python 统计分析库，可以方便地进行一些数据的统计分析，而且不需要额外的数据库。Scikit-learn 是 Python 机器学习库，里面内置的算法基本上涵盖了大部分常用的机器学习算法，非常适合新手用于入门机器学习。本章将围绕这三个库进行讲解，掌握了这些工具就能够在面对更复杂的数据科学任务时游刃有余了。

10.1 Numpy 入门和实战

Numpy 是 Python 第三方库中最常用的科学计算库，所谓科学计算往往是指类似 Matlab 那样的矩阵运算能力。这其中包括多维数组对象、线性代数计算，以及一个高性能的 C/C++ 语言内部实现。而 Numpy 完全拥有上面的所有特性，而且还有很多方便的快捷函数，是做数据科学必不可少的工具。

一提到线性代数，可能会有很多读者觉得很难，并且也会觉得似乎没有学习的必要。不过，当前其实有很多数据挖掘算法都是通过线性代数的计算来实现的。线性代数一个最明显的优势就是用矩阵乘法代替循环可以极大地提高运算速度。如果读者拥有一定的 Matlab 的使用经验，那么就能更好地理解本节的内容，即便之前没有任何关于线性代数的知识，也可通过本节的描述使用这些代码。

本节将会使用 Python 的第三方库 Numpy，读者可以使用下面的代码进行安装：

```
$pip install numpy
```

10.1.1 Numpy 基础

在 Numpy 中，最主要的数据结构就是 ndarray，这个数据结构不仅可以处理一维数组，还可以处理多维数组。比如下面的数组就是一个二维数组：

```
[[ 0  1  2  3  4]
 [ 5  6  7  8  9]
 [10 11 12 13 14]]
```

通常我们称数组的维度为"秩（rank）"，可以通过下面的代码创建并查看一个数组的秩：

```
import numpy as np
a = np.array([(1, 2), (3.4, 5)])
print(a)
print(a.ndim)
```

其输出的结果为：

```
[[ 1.   2. ]
 [ 3.4  5. ]]
2
```

习惯上我们会将 numpy 重命名为 np 并进行使用。创建二维数组就使用 Python 中"列表的列表"这种结构，如果创建三维数组就是使用"列表中的列表中的列表"的结构。有时为了方便，我们也会使用一些手段快速创建数组，可参考下面的代码：

```
a = np.arange(15).reshape(3, 5)
b = np.arange(1, 30, 5)
c = np.arange(0, 1, 0.2)
d = np.linspace(0, np.e * 10, 5)
e = np.random.random((3, 2))

print('a = ', a)
print('b = ', b)
print('c = ', c)
print('d = ', d)
print('e = ', e)
```

其输出结果为：

```
a =  [[ 0  1  2  3  4]
 [ 5  6  7  8  9]
 [10 11 12 13 14]]
b =  [ 1  6 11 16 21 26]
c =  [ 0.   0.2 0.4 0.6 0.8]
```

```
d = [ 0.        6.79570457  13.59140914  20.38711371  27.18281828]
e = [[ 0.88874506  0.59448541]
     [ 0.59012432  0.4719409 ]
     [ 0.66380548  0.28702564]]
```

使用 np.arange() 的方式与 Python 的 range() 类似，会生成一个 ndarray 类型的数组，只不过 ndarray 类型的 reshape() 方法会将原始的一维数组改变为一个二维数组，比如上面的例子中就将其改变为 3×5 的二维数组了。与 Python 的 range() 函数稍有不同的是，np.arange() 支持小数的步长，比如上例中的 np.arange(0, 1, 0.2) 就生成了小数步长的数组，而使用 Python 的 range 时则会报错。Numpy 还提供了一个强大的函数 np.linspace()，这个函数的功能类似 arange()，但是第三个参数不是步长，而是数量。这个函数可以按照参数中需要生成元素的数量自动选择步长，上例中的 d 就是一个例子。另外 Numpy 中也提供了与 math 模块中一样的两个常量，即 np.e 和 np.pi。np.e 代表自然底数，np.pi 是圆周率。最后 np.random.random() 函数提供了直接生成随机元素的多维数组的方法，本节的后续部分会经常使用这个函数。

在了解了如何使用 Numpy 创建数组之后，再来看看如何查看数组的各项属性，参考下面的代码：

```
a = np.arange(15).reshape(3, 5)
print('a              ', '=', a)
print('a.ndim         ', '=', a.ndim)
print('a.shape        ', '=', a.shape)
print('a.dtype.name   ', '=', a.dtype.name)
print('a.itemsize     ', '=', a.itemsize)
print('a.size         ', '=', a.size)
print('type(a)        ', '=', type(a))
```

其输出的结果为：

```
a              = [[ 0  1  2  3  4]
                  [ 5  6  7  8  9]
                  [10 11 12 13 14]]
a.ndim         = 2
a.shape        = (3, 5)
a.dtype.name   = int64
a.itemsize     = 8
a.size         = 15
type(a)        = <type 'numpy.ndarray'>
```

其中 ndim() 函数会返回数组的秩数，shape() 函数会返回数组的形状。dtype.name 属性是数组中数据的类型，itemsize 是数据类型占用的内存空间，size 则是数组中总共有多少个元素。

可能有读者注意到了，numpy 的对象在打印时会自动格式化，二维数组则会以矩阵的方式打印出来。不仅如此，当数组非常大以至于不能够完整地显示出来的时候，numpy 还会缩略打印结果，可参考如下代码：

```
print(np.arange(10000).reshape(100, 100))
```

上面的代码中创建了一个 100 × 100 的二维数组，显然是无法在一个屏幕下打印出来的，而实际上打印的结果是下面这个样子：

```
[[   0    1    2 ...,   97   98   99]
 [ 100  101  102 ...,  197  198  199]
 [ 200  201  202 ...,  297  298  299]
 ...,
 [9700 9701 9702 ..., 9797 9798 9799]
 [9800 9801 9802 ..., 9897 9898 9899]
 [9900 9901 9902 ..., 9997 9998 9999]]
```

程序只打印出了上下左右各 3 行 / 列的数据，其余的数据只以 "..." 代表，这非常便于我们进行程序调试。除了前文所介绍的常规的创建数组的方法之外，Numpy 还可以快速地创建一些特定的数组，参考下面的代码：

```
a = np.zeros((3, 4))
b = np.ones((2, 3, 4), dtype=np.int64)
c = np.empty((4, 5))
print('zeros\n', a)
print('ones \n', b)
print('empty\n', c)
```

使用 zeros() 函数可以创建一个对应维度的全零矩阵[⊖]，ones() 则是创建全 1 矩阵，empty() 函数会自动创建一个由随机的小值组成的矩阵，上面代码的运行结果如下：

```
zeros
 [[ 0.  0.  0.  0.]
 [ 0.  0.  0.  0.]
 [ 0.  0.  0.  0.]]
ones
 [[[1 1 1 1]
  [1 1 1 1]
  [1 1 1 1]]
empty
 [[ -1.72723371e-077  -1.72723371e-077   1.77863633e-322   0.00000000e+000
     0.00000000e+000]
 [  0.00000000e+000   4.05003039e-116   2.20402118e-314   2.20517042e-314
    -1.51628733e+150]
 [  2.20513185e-314   2.20258264e-314   0.00000000e+000   0.00000000e+000
     0.00000000e+000]
 [ -1.11080065e-181   2.20519966e-314   6.94258207e-310   0.00000000e+000
```

⊖ 线性代数中通常称二维数组为矩阵。

```
0.00000000e+000]]
```

值得注意的是，无论是哪种创建数组 / 矩阵的方法，都支持一个 dtype 参数，我们可以通过为数字指定一种数据类型来指定这个数组的元素类型。Numpy 的数组只能包含一种类型的数据，并且是布尔型、整形、无符号整形、浮点型、复数型中的一种。除了数字的类型之外，还有精度的区分，比如上面代码使用了 np.int64 表示 64 位整形，取值的区间从 -9223372036854775808 到 9223372036854775807。当然，还有更低的 32 位、16 位、8 位等，详细的数据类型列表可以参考：https://docs.scipy.org/doc/numpy-dev/user/basics.types.html。

10.1.2　Numpy 基本运算

Numpy 数组运算的基本原则就是"按元素运算"，这一点可能与我们的直觉稍微有点不符，考虑下面的代码：

```
a = np.array([10, 20, 30, 40])
b = np.arange(4)
print('a\n', a, '\nb\n', b)
print('a - 4\n', a - 4)
c = a - b
print('c\n', c)
print('b * 2\n', b * 2)
print('b ** 2\n', b ** 2)
print('a < 21\n', a < 21)
```

其中 a 和 b 的打印值为：

```
a
 [10 20 30 40]
b
 [0 1 2 3]
```

大家认为 a-4 会等于多少呢呢？ a-b 又会等于多少呢？实际上根据按元素运算的原则，a-4 是 a 中的所有元素都减去 4，而 a-b 则是先用 a 中的第一个元素减去 b 中的第一个元素，然后用 a 中的第二个元素减去 b 中的第二个元素，以此类推。所以上面代码的最终输出结果是：

```
a - 4
 [ 6 16 26 36]
c
 [10 19 28 37]
b * 2
 [0 2 4 6]
b ** 2
 [0 1 4 9]
```

```
a < 21
 [ True  True False False]
```

无论二元操作符的右侧是一个数还是一个数组／矩阵，Numpy 的数组都是按照元素进行计算的，而熟悉线性代数的读者可能要有疑问了，那么矩阵乘法该如何计算呢？实际上必须通过 Numpy 数组的 dot() 方法来进行矩阵点乘。对比下面的两种计算方式：

```
a = np.array(([1, 2], [2, 3]))
b = np.array(([1, 0], [0, 2]))
print('a\n', a)
print('b\n', b)
print('a * b\n', a * b)
print('a.dot(b)\n', a.dot(b))

c = np.array([1, 2, 3, 4, 5])
d = np.array([2, 3, 4, 5, 6])
print('c * d.T\n', c.dot(d.T))
```

上面的代码运行结果为：

```
a
 [[1 2]
 [2 3]]
b
 [[1 0]
 [0 2]]
a * b
 [[1 0]
 [0 6]]
a.dot(b)
 [[1 4]
 [2 6]]
c * d.T
 70
```

其中 a * b 是对应元素相乘，这个我们已经知道了，a.dot(b) 才是矩阵的点乘。

很多 Numpy 的一元操作符都是通过 ndarray 对象的方法来实现的，参考下面的代码：

```
a = np.random.random((3, 2))
print('a\n', a)
print('a.sum()\n', a.sum())
print('a.min()\n', a.min())
print('a.max()\n', a.max())
```

其输出的结果是：

```
a
```

⊖ 如 "+、-、*、/" 这类操作符称为二元操作符，实际上只要是连接两个数进行计算的就都称为二元操作符。Python 中并没有典型的 x:y?z 之类的三元操作符，绝大多数的情况下可以使用 y if x else z 来代替。

```
[[ 0.1102174    0.5828411 ]
 [ 0.9800738    0.40720887]
 [ 0.75665786   0.08734769]]
a.sum()
 2.92434672331
a.min()
 0.0873476886045
a.max()
 0.980073802459
```

在上面的程序中无论原始的数组是几维的，sum()、min()、max() 函数都是将其当作一维的数组进行处理的，想要让计算作用于特定的轴上，可以使用参数 axis 进行指定，比如下面的代码：

```
print('a.sum(axis=0)\n', a.sum(axis=0))
print('a.sum(axis=1)\n', a.sum(axis=1))
print('a.cumsum(axis=1)\n', a.cumsum(axis=1))   # 累积和
```

其运行的结果为：

```
a.sum(axis=0)
[ 1.84694907  1.07739766]
a.sum(axis=1)
[ 0.6930585   1.38728267  0.84400555]
a.cumsum(axis=1)
[[ 0.1102174    0.6930585 ]
 [ 0.9800738    1.38728267]
 [ 0.75665786   0.84400555]]
```

当 sum() 函数中参数 axis 的值为 0 时，会按照列方向进行求和；当 axis 的值为 1 时，则按照行方向进行求和。另外 cumsum() 函数可计算每个轴上的累计和，比如，当 axis 的值为 1 时，会计算行方向的累积和，每行结果中第二列的值是原始对象每行中第一列和第二列的值之和。如果有第三列、第四列，那么结果中的值也是原始对象该行之前所有列之和，以此类推。

Numpy 的数组下标、切片大致上与 Python 的列表相似，参考下面的代码：

```
a = np.fromfunction(lambda x, y: 5 * x + y, (4, 4))   # x, y 是每个位置的索引
print('a\n', a)
print('a[2, -1]\n', a[2, -1])
print('a[:, 1:3]\n', a[:, 1:3])
b = np.fromfunction(lambda x, y, z: x + y + z, (4, 5, 6))
print('b\n', b)
print('b[1, ...]\n', b[1, ...])   # 在数组维度比较高时，... 代表剩下其余的全部维度
```

在上面的代码中使用 fromfunction() 函数生成 Numpy 数组，这是一种非常方便的方式。该函数的第二个参数是数组的形状，在第一行的程序中（4, 4）代表我们将要生成一个 4×4

的二维数组，其中行号用 x 表示，列号用 y 表示。而这个函数的第一个参数是一个需要两个
参数的函数（这里我们使用了 Python 的匿名函数，参数是 x 和 y，5 * x + y 是返回值）。使
用 fromfunction() 函数生成数组时，其中的每一个元素都是将每个元素的坐标分别带入第一
个参数的函数中，跟 x 和 y 绑定求得的。所以上面程序运行后的输出结果为：

```
a
 [[  0.   1.   2.   3.]
 [  5.   6.   7.   8.]
 [ 10.  11.  12.  13.]
 [ 15.  16.  17.  18.]]
a[2, -1]
 13.0
a[:, 1:3]
 [[  1.   2.]
 [  6.   7.]
 [ 11.  12.]
 [ 16.  17.]]
```

通过上面的结果可以看到，对于一个 Numpy 的二维数组，可以使用 a[2, -1] 的下标方
式获取其中的某一个元素，这与 Python 的列表下标是类似的，只不过这个下标表达式中包
含一个行下标 [2] 和一个列下标 [-1]。Numpy 数组中的下标也支持负数下标，可以从数组的
尾部向前计数。实际上，可以简单地认为 Numpy 数组的下标表示的就是两个独立的 Python
下标，分别表示行向和列向的位置，使用方法也一致。比如 a[:, 1:3] 就表示，取 a 中全部的
行，以及 1 到 3 之间所有的列。由于 Numpy 支持更多维度的数组，所以 Numpy 还可以对
于数组的维度进行切片，参考下面的代码：

```
b = np.fromfunction(lambda x, y, z: x + y + z, (4, 5, 6))
print('b\n', b)
print('b[1, ...]\n', b[1, ...])
```

其中第三行的 "…" 代表其余的全部为维度，上面程序运行输出的结果为：

```
b
 [[[  0.   1.   2.   3.   4.   5.]
 [  1.   2.   3.   4.   5.   6.]
 [  2.   3.   4.   5.   6.   7.]
 [  3.   4.   5.   6.   7.   8.]
 [  4.   5.   6.   7.   8.   9.]]

 [[  1.   2.   3.   4.   5.   6.]
 [  2.   3.   4.   5.   6.   7.]
 [  3.   4.   5.   6.   7.   8.]
 [  4.   5.   6.   7.   8.   9.]
 [  5.   6.   7.   8.   9.  10.]]
```

```
[[ 2.   3.   4.   5.   6.   7.]
 [ 3.   4.   5.   6.   7.   8.]
 [ 4.   5.   6.   7.   8.   9.]
 [ 5.   6.   7.   8.   9.  10.]
 [ 6.   7.   8.   9.  10.  11.]]

[[ 3.   4.   5.   6.   7.   8.]
 [ 4.   5.   6.   7.   8.   9.]
 [ 5.   6.   7.   8.   9.  10.]
 [ 6.   7.   8.   9.  10.  11.]
 [ 7.   8.   9.  10.  11.  12.]]]
b[1, ...]
[[ 1.   2.   3.   4.   5.   6.]
 [ 2.   3.   4.   5.   6.   7.]
 [ 3.   4.   5.   6.   7.   8.]
 [ 4.   5.   6.   7.   8.   9.]
 [ 5.   6.   7.   8.   9.  10.]]
```

Numpy 数组的迭代与 Python 的列表类似，参考下面的代码：

```
for row in a:
    print(row)

# 按元素迭代
for e in a.flat:
    print(e)
```

运行结果如下：

```
[ 0.   1.   2.   3.]
[ 5.   6.   7.   8.]
[ 10.  11.  12.  13.]
[ 15.  16.  17.  18.]
0.0
1.0
2.0
3.0
...
```

其中，需要注意的是，无论原始数组是几维的，Numpy 数组的 flat 属性都会获得一个摊平的一维数组。

Numpy 中还提供了改变数组形状的方法，参考下面的代码：

```
a = np.random.random((3, 4))
print('a\n', a)
print('a.shape\n', a.shape)
print('a,T\n', a.T)   # 转置

a.resize((2, 6))  # 原地修改
print('a.resize(2, 6)\n', a)
```

```
print('a.reshape(3, -1)\n', a.reshape(3, -1))    # 使用 reshape() 函数，被赋值为 -1
的维度会自动计算
```

其输出的结果如下：

```
a
 [[ 0.50033206  0.00431591  0.69378812  0.12295961]
 [ 0.3483353   0.87700219  0.81363838  0.2805309 ]
 [ 0.72109167  0.71531724  0.10556287  0.90224477]]
a.shape
 (3, 4)
a.T
 [[ 0.50033206  0.3483353   0.72109167]
 [ 0.00431591  0.87700219  0.71531724]
 [ 0.69378812  0.81363838  0.10556287]
 [ 0.12295961  0.2805309   0.90224477]]
a.resize(2, 6)
 [[ 0.50033206  0.00431591  0.69378812  0.12295961  0.3483353   0.87700219]
 [ 0.81363838  0.2805309   0.72109167  0.71531724  0.10556287  0.90224477]]
a.reshape(3, -1)
 [[ 0.50033206  0.00431591  0.69378812  0.12295961]
 [ 0.3483353   0.87700219  0.81363838  0.2805309 ]
 [ 0.72109167  0.71531724  0.10556287  0.90224477]]
```

shape 属性存储了数组的维度信息，可以看到数组 a 是一个 3×4 的二维数组。属性 T 可以获取原始二维数组的转置○。然后这里有两种改变数组形状的函数，resize() 可以原地修改数组，比如将 3×4 的数组修改为 2×6，只需要注意元素的个数不要改变即可。为了方便，有的时候只需要确定一个维度，此时就可以使用 reshape() 函数，这个函数接受对应维度的参数为 -1，这表示这个维度将会根据数组中元素的总数及其他的维度值进行自动计算。

在 Numpy 中还可以对数组进行堆叠，堆叠分为两个方向，即行方向（垂直方向）和列方向（水平方向），分别用下面的代码表示：

```
a = np.random.random((2, 3))
b = np.random.random((2, 3))
print('a\n', a, '\nb\n', b)
print('np.vstack((a, b))\n', np.vstack((a, b)))
print('np.hstack((a, b))\n', np.hstack((a, b)))
```

其运行的结果如下：

```
a
 [[ 0.17626972  0.4007032   0.92603283]
 [ 0.88440158  0.01618175  0.57317466]] b
 [[ 0.63942705  0.73544857  0.49916016]
 [ 0.54918264  0.44880421  0.80881488]]
```

○ 在线性代数中，转置是指矩阵沿着对角线旋转，使行成为列，列成为行。

```
np.vstack((a, b))
 [[ 0.17626972  0.4007032   0.92603283]
 [ 0.88440158  0.01618175  0.57317466]
 [ 0.63942705  0.73544857  0.49916016]
 [ 0.54918264  0.44880421  0.80881488]]
np.hstack((a, b))
 [[ 0.17626972  0.4007032   0.92603283  0.63942705  0.73544857  0.49916016]
 [ 0.88440158  0.01618175  0.57317466  0.54918264  0.44880421  0.80881488]]
```

其中 vstack() 方法表示垂直堆叠，hstack() 方法表示水平堆叠。与之相对，垂直和水平方向还可以进行切分：

```
a = np.floor(10 * np.random.random((2, 12)))
print('a\n', a)
print('np.hsplit(a, 3)\n', np.hsplit(a, 3))
print('np.vsplit(a, 1)\n', np.vsplit(a, 1))
```

其输出结果为：

```
a
 [[ 6.  9.  8.  7.  1.  0.  0.  0.  6.  3.  7.  4.]
 [ 8.  1.  4.  9.  8.  1.  9.  8.  7.  2.  7.  7.]]
np.hsplit(a, 3)
 [array([[ 6.,  9.,  8.,  7.],
        [ 8.,  1.,  4.,  9.]]), array([[ 1.,  0.,  0.,  0.],
        [ 8.,  1.,  9.,  8.]]), array([[ 6.,  3.,  7.,  4.],
        [ 7.,  2.,  7.,  7.]])]
np.vsplit(a, 1)
 [array([[ 6.,  9.,  8.,  7.,  1.,  0.,  0.,  0.,  6.,  3.,  7.,  4.],
        [ 8.,  1.,  4.,  9.,  8.,  1.,  9.,  8.,  7.,  2.,  7.,  7.]])]
```

与 Python 容器对象一样，直接将 Numpy 数组赋值给一个变量也仅仅是一个别名而已，并没有真正复制其中的值，我们可以使用 a.view() 进行浅拷贝，用 a.copy() 进行深拷贝。

10.1.3　Numpy 高级特性

除了前面介绍的基础功能和基本操作之外，Numpy 还提供了一系列强力的工具。我们可以使用 Numpy 数组提供的高级索引进行取值，参考下面的代码：

```
a = np.arange(20) * 3
i = np.array([1, 3, 7, 2, 4])
print('a[i]\n', a[i])
j = np.array([[3, 4], [9, 7]])
print('a[j]\n', a[j])
```

其运行的结果是：

```
a
 [ 0  3  6  9 12 15 18 21 24 27 30 33 36 39 42 45 48 51 54 57]
```

```
a[i]
 [ 3  9 21  6 12]
a[j]
 [[ 9 12]
 [27 21]]
```

在上面的代码里，数组 a 使用另外一个数组 i 作为下标进行取值，返回值是 a 中下标为 i 中元素的元素的列表。同样当下标为二维数组的 j 时，返回值会按照 j 的结构进行重排，也会形成一个二维数组。此外，还可以通过两个轴向的索引分别获取数组中的元素：

```
a = np.arange(12).reshape(3, 4)
i = np.array([[1, 1],
              [1, 2]])  # 行向索引

j = np.array([[1, 1],
              [3, 3]])  # 列向索引

print('a[i, j]\n', a[i, j])
```

其输出的结果是：

```
a[i, j]
 [[ 5  5]
 [ 7 11]]
```

其中，i 中的元素代表行方向的索引，j 中的元素代表列方向的索引，i 与 j 的形状必须完全相同，输出的结果形状也要与 i 或 j 的形状相同。

Numpy 中还有一种特殊的函数，以 arg 前缀开头，比如 argsort() 函数代表"参数排序"，程序会将原始的数组进行排序，然后返回排序后的索引，而不是排序后的值，可以参考下面的代码：

```
data = np.sin(np.arange(20)).reshape(5, 4)
print('data\n', data)
ind = data.argmax(axis=0)
print('ind\n', ind)
sort = data.argsort()
print('sort', sort)
```

其输出的结果如下：

```
data
 [[ 0.          0.84147098  0.90929743  0.14112001]
 [-0.7568025  -0.95892427 -0.2794155   0.6569866 ]
 [ 0.98935825  0.41211849 -0.54402111 -0.99999021]
 [-0.53657292  0.42016704  0.99060736  0.65028784]
 [-0.28790332 -0.96139749 -0.75098725  0.14987721]]
ind
 [2 0 3 1]
```

```
sort [[0 3 1 2]
 [1 0 2 3]
 [3 2 1 0]
 [0 1 3 2]
 [1 2 0 3]]
```

获得了排序后的数组的索引之后，再结合前面介绍的高级索引取值的方法，不仅可以重新获取排序后的数组，还可以方便地使用这个序列对其他的相关数组进行排序。除此之外，还可以使用布尔索引获取我们想要的值，所谓布尔索引就是返回对应位置值为 True 的元素，参考下面的代码：

```
a = np.arange(12).reshape(3, 4)
b = a > 3
print('b\n', b)
print('a[b]\n', a[b])
```

其输出的结果如下：

```
b
 [[False False False False]
 [ True  True  True  True]
 [ True  True  True  True]]
a[b]
 [ 4  5  6  7  8  9 10 11]
```

可以看到，在 b 中对应位置为 True 的 a 中的元素被选择了出来。

对于 Numpy 数组，除了上面的一些特性之外，还需要简单介绍一下关于线性代数的计算，为了方便起见，将在下面的代码中一起列出来：

```
a = np.array([[1, 2], [3, 4]])
print(a)
print(a.T, a.transpose())  # 转置
print(np.linalg.inv(a))  # 矩阵的逆
print(np.eye(4))  # 对角阵
print(np.trace(np.eye(3)))  # 矩阵的迹

y = np.array([[5.], [7.]])
print(np.linalg.solve(a, y))  # 解线性方程
z = np.array([[0.0, -1.0], [1.0, 0.0]])
print(np.linalg.eig(z))  # 解特征方程
```

可能有些读者还不熟悉线性代数的计算，这里通过注释列出了每个操作所对应的含义，因此不再进行详细的讲解。关于线性代数的部分知识，本章将不做重点介绍，有兴趣的读者可以自行学习。10.1.4 节将会通过一个实际的例子讲解如何综合使用 Numpy 进行实战的学习。

10.1.4 kNN 实战

kNN（k- 邻近算法）是最简单的机器学习分类的算法，虽然简单但却很有效。下面就使用经典的鸢尾花的数据集[⊖]进行实战讲解。80 年前 Fisher 曾经统计过三种不同的鸢尾花的数据，包括了萼片的长度和宽度，以及花瓣的长度和宽度。考虑到植物学家对不同品种的鸢尾花进行分类的指标，我们可以猜测不同品种之间这些可以量化的值（例如：花瓣长度）是不是有明显的区别。如何能够确认这些区别，并根据这些区别划分不同的品种，就是本节的目的。

在开始之前我们先来探索一下这个数据集，以下是这个数据集的概览：

```
Id,SepalLengthCm,SepalWidthCm,PetalLengthCm,PetalWidthCm,Species
1,5.1,3.5,1.4,0.2,Iris-setosa
2,4.9,3.0,1.4,0.2,Iris-setosa
3,4.7,3.2,1.3,0.2,Iris-setosa
...
51,7.0,3.2,4.7,1.4,Iris-versicolor
52,6.4,3.2,4.5,1.5,Iris-versicolor
53,6.9,3.1,4.9,1.5,Iris-versicolor
...
101,6.3,3.3,6.0,2.5,Iris-virginica
102,5.8,2.7,5.1,1.9,Iris-virginica
103,7.1,3.0,5.9,2.1,Iris-virginica
...
```

上面的数据涉及三种不同的鸢尾花，并且每一个品种分别采集了 50 个样本，每条样本中包含 4 个维度的数据，加上序号及品种共 6 列，以下是每个维度的说明。

❑ Id：数据的序号，从 1 到 150。

❑ SepalLengthCm：萼片的长度。

❑ SepalWidthCm：萼片的宽度。

❑ PetalLengthCm：花瓣的长度。

❑ PetalWidthCm：花瓣的宽度。

❑ Species：品种。

数值均以厘米为单位，读者可以参考代码清单 10-1 读取这个数据集：

代码清单 10-1：kNN.py

```
# ! /usr/bin/python
# -*- coding: utf-8 -*-
```

⊖ 可以在 https://www.kaggle.com/uciml/iris 中下载，该数据集来自于 1936 年 Fisher 的论文 " The Use of Multiple Measurements in Taxonomic Problems "。

```
from __future__ import print_function
from collections import Counter, defaultdict
import random
import csv

import numpy as np
import matplotlib.pyplot as plt

def get_data(loc='/Users/jilu/Downloads/iris/Iris.csv'):
    with open(loc, 'r') as fr:
        lines = csv.reader(fr)
        data_file = np.array(list(lines))
    data = data_file[1:, 1:-1].astype(float)
    labels = data_file[1:, -1]
    return data, labels
```

上面的代码会返回两个值，data 是原始数据中的数值部分，labels 是花的品种。这里使用 csv 模块直接读取 csv 文件，然后将读取的数据使用 Numpy 的 array 方法建立二维数组。这里需要注意的是，在原文件中读取的所有值都是以字符串的、形式存储的，现在要将其改为浮点型以用于之后的使用，这里使用了 Numpy 数组的 astype() 方法。如果将其打印出来，看起来应该是下面的样子：

```
[[ 5.1  3.5  1.4  0.2]
 [ 4.9  3.   1.4  0.2]
 [ 4.7  3.2  1.3  0.2]
...

['Iris-setosa' 'Iris-setosa' 'Iris-setosa' 'Iris-setosa' 'Iris-setosa'
 'Iris-setosa' 'Iris-setosa' 'Iris-setosa' 'Iris-setosa' 'Iris-setosa'
 'Iris-setosa' 'Iris-setosa' 'Iris-setosa' 'Iris-setosa' 'Iris-setosa'
...
```

为了确认之前的推测是否正确，即到底能不能仅通过萼片的长宽及花瓣的长宽去分辨花的品种，可通过数据可视化的方式来验证，为了将其用图片的方式表示出来，可在代码清单 10-1 中添加下面的代码：

```
def draw():
    style_list = ['ro', 'go', 'bo']
    data, labels = get_data()
    print(data)
    print(labels)
    cc = defaultdict(list)
    for i, d in enumerate(data):
        cc[labels[i]].append(d)
    p_list = []
    c_list = []
    for i, (c, ds) in enumerate(cc.items()):
```

```
        draw_data = np.array(ds)
        p = plt.plot(draw_data[:, 0], draw_data[:, 1], style_list[i])
        p_list.append(p)
        c_list.append(c)
plt.legend(map(lambda x: x[0], p_list), c_list)
plt.title(u' 鸢尾花萼片的长度和宽度 ')
plt.xlabel(u' 萼片的长度 (cm)')
plt.ylabel(u' 萼片的宽度 (cm)')
plt.show()
```

上面的代码表示使用 pyplot 进行绘图，并且描绘了三种花的萼片尺寸的长宽，其结果如图 10-1 所示。

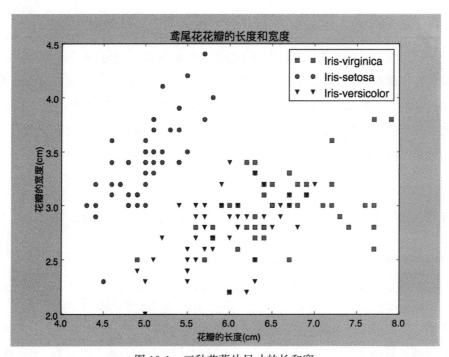

图 10-1　三种花萼片尺寸的长和宽

从图 10-1 中可以发现，图例中的图形（绿色）表示的 setosa 明显与另外两种有区别，而图例中方形表示的 virginica 和图例中倒三角表示的 versicolor 两个品种虽然有所不同，但是也有交叉的部分。在上面的代码中是使用如下的代码行来描绘萼片的长宽的：

```
p = plt.plot(draw_data[:, 0], draw_data[:, 1], style_list[i])
```

也就是使用第 0 列和第 1 列来描绘萼片的长宽。现在，将其分别改为 2 和 3：

```
p = plt.plot(draw_data[:, 2], draw_data[:, 3], style_list[i])
```

这样就可以绘出花瓣长宽的对比图了，如图 10-2 所示。

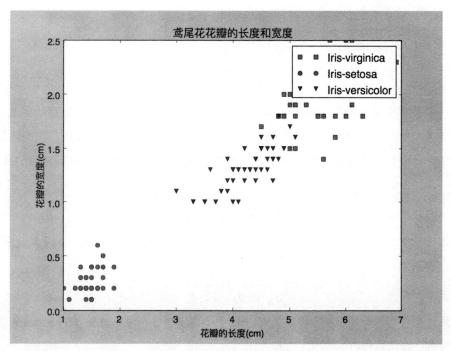

图 10-2　更明显的对比

在图 10-2 中，三个品种的花瓣尺寸的差距就更加明显了。现在已经确认了我们的推测，那么如何才能做一个分类器，从而只通过萼片和花瓣的尺寸来对未知品种的鸢尾花进行分类呢？这就需要用到接下来要介绍的 kNN 算法了。

通过图 10-1 和图 10-2 可以发现，如果将数据描绘在二维平面上，那么我们还可以通过点与点之间的距离来进行分类。如果要计算一个未分类的数据的分类，那么只要将这个值与已知分类的点计算距离，选择距离最近的 k 个点，就可以将这个未知分类的数据归类到占比最多的分类中。kNN 就是这样一个朴素的想法，将其整理成算法的步骤具体如下。

1）计算当前要分类的点与每一个已知分类点的距离。

2）对结果进行排序。

3）选取距离最近的 k 个点。

4）统计这 k 个点不同分类出现的频次。

5）选取频次最高的分类作为当前要分类的点的分类。

具体的实现可以参考下面的代码，并将其添加到代码清单 10-1 中：

```
def classify(input_data, train_data, labels, k):
    data_size = train_data.shape[0]
    diff = np.tile(input_data, (data_size, 1)) - train_data
```

```
sqrt_diff = diff ** 2
sqrt_distance = sqrt_diff.sum(axis=1)
distance = np.sqrt(sqrt_distance)
sorted_index = distance.argsort()
class_count = Counter(labels[sorted_index[:k]])
return class_count.most_common()[0][0]
```

这个函数包含 4 个参数，input_data 是需要被分类的未知点的各项数据的列表，train_data 是训练的数据，也就是已知分类的数据集，labels 是与 train_data 逐条对应的已知分类，k 表示与使用 k 个最近点的分类进行投票。计算距离的函数很简单，可使用标准的欧式距离公式：

$$d = \sqrt{(xA_0 - xB_0)^2 + (xA_1 + xB_1)^2}$$

它用于计算两个向量点 xA 和 xB 之间的距离，比如计算（0，0）和（1，2）这两个点的距离可以表示为：

$$\sqrt{(1-0)^2 + (2-1)^2}$$

如果数据存在 4 个特征值（本例），比如，要计算点 [5.6 2.5 3.9 1.1] 和 [5.9 3.2 4.8 1.8] 的距离，算法也没有区别[⊖]，如下：

$$\sqrt{(5.6-5.9)^2 + (2.5-3.2)^2 + (3.9-4.8)^2 + (1.1-1.8)^2}$$

classify() 函数的功能本身就是对算法步骤的忠实反应，其中 np.tile() 方法可以将第一个参数扩展成第二个参数描述的数组形状，以让原始的 input_data 数组成为与 train_data 同样形状的数组以进行减法运算。之后计算平方、求和、开方才完成了距离的计算。再使用参数排序然后再对已知分类统计频数以求得 input_data 的分类。为了验证 kNN 的效果，需要为代码清单 10-1 中再增加如下的代码：

```
def try_once():
    data, labels = get_data()
    index = range(len(data))
    data = data[index]
    labels = labels[index]
    random.shuffle(index)
    labels = labels[index]
    data = data[index]
    input_data = data[-1]
    data = data[:-1]
    input_label = labels[-1]
    labels = labels[:-1]
    print('input_index:', index[-1])
    print('true class:', input_label)
```

⊖ 关于高维数组，读者暂时不要去理解应该是什么样子，只需要知道算法没有改变就可以了。

```
print(classify(input_data, data, labels, 5))
```

这个函数会从原始的 150 个数据中选取一个作为测试数据，并把其余的作为训练数据，因为我们实际上已经知道了真正的分类，所以可以多次运行这个函数以检验 kNN 分类的正确率。以下是运行 5 次 try_one() 函数的结果：

```
input_index: 114
true class: Iris-virginica
Iris-virginica
==========
input_index: 80
true class: Iris-versicolor
Iris-versicolor
==========
input_index: 11
true class: Iris-setosa
Iris-setosa
==========
input_index: 66
true class: Iris-versicolor
Iris-versicolor
==========
input_index: 53
true class: Iris-versicolor
Iris-versicolor
```

可以看到 5 次分类的结果全部都正确了，因为本节并不是要细致地介绍机器学习的算法，所以这里不会进行准确率的详细对比。而且，如果每一次分类都需要调用一次训练样本，那么这样的程序开销也很大，并不适合实际的应用。实际上我们还有更好的办法来实现类似的功能，有兴趣的读者可以自己去了解。

本节通过这个实战示例进一步巩固了 Numpy 的知识，10.2 节将会介绍如何使用 Pandas 进行数据分析。

10.2　Pandas 的入门和实战

Pandas 这个第三方库在第 7 章已经使用过，当时使用的是读取 Excel 等的功能，其实这个库要比看起来的更加强大。其中，最为主要的功能是提供了 DataFrame 这个数据结构，它可以让我们直接在数据集上使用关系模型，比如完成分组（group by）、聚合（agg）或联合（join）等操作，而无需将数据导入一个关系型的数据库中，另外它还集成了强大的时间序列相关函数，该功能在金融领域也应用广泛。

Pandas 是一个基于 Numpy 的数据分析库，本节将会学习 Pandas 库的基本操作，以及实际地使用 Pandas 操作一定量的数据，从而进行数据分析实战演练。在一个常规的数据分析项目中，数据通常要经过数据清洗、建模、最终组织结果 / 绘图这几个步骤，而 Pandas 能够完成全部的这些工作，它是一个供数据科学家使用的好工具。

如果读者没有安装过第三方库 Pandas，那么可以使用下面的命令进行安装：

```
$pip install pandas
```

10.2.1 Pandas 基础

要使用 Pandas 这个模块可以使用下面的方式导入：

```
import pandas as pd
```

习惯上我们会把 Pandas 重命名成 pd 以简化使用。与 Numpy 的主要数据类型 ndarray 类似，Pandas 也提供了一种基础的数据类型 Series。这也是一个序列类型，它的大多数操作与 Numpy 的 ndarray 类似，同时 Series 类型也是一个有索引的类型，又可以像 Python 中的字典一样工作。当然无论是 ndarray 还是 Series，都是只能包含同一种类型元素的序列类型，这一点与 Python 的列表和字典不同。要创建一个 Series 可以参考下面的代码：

```
a = pd.Series([1, 0.3, np.nan])
b = pd.Series(np.array([1, 2, 3]))
print('a\n', a)
print('b\n', b)
```

其输出的结果为：

```
a
0    1.0
1    0.3
2    NaN
dtype: float64
b
0    1
1    2
2    3
dtype: int64
```

Series 可以从 Python 的列表进行构建，并且在 Series 中可以用 np.nan 表达某个位置没有值。从上面的例子中可以看到，Pandas 会自动将不同类型的对象统一成同一种类型（类型推导会尽可能地向数字类型推导），比如整形的 1 可以转化成 1.0 的浮点型，NaN 则可以是任何类型。所以最终在打印输出的结果中 dtype 被统一成了 float64 [⊖]。同样，也可以使用 Numpy 的数组创建 Series。

⊖ 我们在 Numpy 的小节中介绍过 Numpy 中的类型系统，Pandas 基本上沿用了 Numpy 的类型系统。

实际上 Pandas 的 Series 在只支持同类型的元素这个方面并不是非常的严格，如果使用下面的方式创建一个 Series 会产生什么样的结果呢：

```
print(pd.Series([1, 'a']))
```

在这里"a"无法向数字的方向转换，其输出的结果如下：

```
0    1
1    a
dtype: object
```

可以看到，dtype 的值是 object，还记得这个对象么？这个对象是所有 Python 对象的发源地，Pandas 还是将其统一成了同一种类型。

Series 的索引及计算基本上与 Numpy 的数组一样，参考下面的代码：

```
print('a[0]\n', a[0])
print("a[a > 0.5]\n", a[a > 0.5])
print("a[[2,1]]\n", a[[2, 1]])
print('a.sum()\n', a.sum())
```

其输出的结果为：

```
a[0]
 1.0
a[a > 0.5]
 0    1.0
dtype: float64
a[[2,1]]
 2    NaN
 1    0.3
dtype: float64
a.sum()
 1.3
```

细心地读者可能会注意到在每一个 Series 打印的值中，第一列都是一个序号，这是 Series 类型的索引部分，类似 Python 字典中的键，我们可以通过这个键直接获取某一行的值，也可以手动指定这个键。如果不指定键那就会有程序生成自增的键，就像读者看到的那样，下面就来看一下如何使用 Series 的索引：

```
c = pd.Series([1,2,3], index=["a", "b", "c"])
print('c\n', c)
print('c['b']\n', c['b'])
print(c.get('d', np.nan))

d = pd.Series({'c': 0, 'd': 1, 'e': 2})
print('d\n', d)
```

上面的代码中，为序列 [1, 2, 3] 指定了索引，现在来看一下上述代码运行输出的结果：

```
c
 a    1
 b    2
 c    3
dtype: int64
c['b']
 2
c.get('d', np.nan)
 nan
d
 c    0
```

现在变量 c 的索引已经是我们所指定的索引了，可以像 Python 的字典一样使用类似 c['b'] 和 c.get('b') 的语法进行取值了，同样 get 的第二个参数是默认取值。

除了 Series 之外，Pandas 还提供了另外一种强大的类型 DataFrame，这个类型有点类似于前几章接触过的数据库。DataFrame 是一种基于关系模型之上的数据结构，可以看作一个二维的表。让我们先建立一个 DataFrame：

```
date = pd.date_range('20160101', periods=5)
print(date)

# 使用 numpy 对象创建 DataFrame
df = pd.DataFrame(np.random.randn(5, 4), index=date, columns=list("ABCD"))
print(df)
```

上面的代码运行之后输出的值为：

```
DatetimeIndex(['2016-01-01', '2016-01-02', '2016-01-03', '2016-01-04',
               '2016-01-05'],
              dtype='datetime64[ns]', freq='D')
                   A         B         C         D
2016-01-01  0.041605 -0.899130 -1.889963  0.430306
2016-01-02  0.697056  1.558767 -0.861404 -0.804082
2016-01-03 -0.898452 -1.810908 -0.658668 -0.522549
2016-01-04 -0.764999 -0.069816 -1.943836 -0.014432
2016-01-05  0.255078 -1.079007  1.686265  0.447974
```

其中 date_range() 函数可以快速产生一个时间的序列，第一个参数是起始的时间，periods 这个参数代表一共需要生成几个元素。在这个例子中表示的就是从 2016 年 1 月 1 日开始生成 5 个日期数据。步长默认是起始时间的最小单位，比如这里起始时间的最小单位是日，所以在生成时间序列的时候就会依次生成 01、02、03…这样的序列。接下来，创建一个 5×4 的二维数组，并且使用这个时间序列作为索引，使用 ABCD 作为栏名（还记得 Excel 或 MySQL 表的样子吗）。最后输出的结果展示了一个 DataFrame 应该是什么样子。

除了使用上面的方式创建一个 DataFrame 之外，还可以使用 Python 中的字典来创建 DataFrame，参考下面的代码：

```
df2 = pd.DataFrame({'A': 2.,
                    'B': pd.Timestamp('20160101'),
                    'C': pd.Series(3, index=list(range(4)), dtype='float64'),
                    'D': np.array([3] * 4, dtype='int64'),
                    'E': pd.Categorical(["t1", "t2", "t3", "t4"]),
                    'F': 'abc'})
print(df2)
print(df2.dtypes)
print(df2.C)
```

使用字典时，字典的键会自动成为 DataFrame 的列名，而字典中的值将会按照序列最长的列表进行展开，比如在上面的例子中 CDE 三列会有 4 行数据产生，那么 ABF 三列也要有 4 行数据产生，不足的部分则使用相同的值进行补全，其输出结果如下：

```
     A          B    C  D   E    F
0  2.0 2016-01-01  3.0  3  t1  abc
1  2.0 2016-01-01  3.0  3  t2  abc
2  2.0 2016-01-01  3.0  3  t3  abc
3  2.0 2016-01-01  3.0  3  t4  abc

A           float64
B    datetime64[ns]
C           float64
D             int64
E          category
F            object
dtype: object

0    3.0
1    3.0
2    3.0
3    3.0
Name: C, dtype: float64
```

当我们查看 DataFrame 的 dtype 时，可以按照不同的列分别列出每一列的数据类型。使用 DataFrame 的另外一个好处是，可以使用属性来访问 DataFrame 内部的数据，比如想要获取 C 列的所有数据，只需要调用 df.C 即可，其输出的结果也在上面的例子中展示了出来。下面的代码还展示了获取 DataFrame 中元素的各种方法，这些方法的详细功能已经通过注释标示在每个命令的后面了。

```
# 查看
print(df.head())    # 获取前几行数据
print(df.tail())    # 获取后几行数据
print(df.index)     # 获取索引
print(df.columns)   # 获取栏名
print(df.values)    # 获取值
print(df.describe)  # 获取描述信息
```

```
print(df.T)  # 转置
print(df.sort_index(axis=1, ascending=False))  # 对索引进行重新排序
print(df.sort_values(by='D'))  # 针对某一栏中的元素进行排序

# 选择
print(df['A'])  # 获取某一栏的全部数据
print(df[1:3])  # 获取索引 1:3 的行数据
print(df['20160101':'20160103'])  # 获取索引值为 '20160101':'20160103' 的行数据

# loc 是定位元素的方法
print(df.loc[date[0]])  # 获取 date 第一个索引的数据
print(df.loc[:, ['A', 'B']])  # 获取栏名为 AB 的全部行数据
print(df.loc['20160102':'20160104', ['A', 'B']])  # 获取索引在 '20160102':'20160104'
范围的 AB 栏的数据
print(df.loc['20160102', ['A', 'B']])  # 获取索引为 '20160102' 的 AB 栏的数据

# 通过布尔值获取数据
print(df[df.A > 0])  # 获取 A 栏中大于 0 的数据
print(df[df > 0])  # 获取所有大于 0 的数据
```

有兴趣的读者可以尝试其中的功能，其输出结果由于篇幅原因就不再详细列举了。

我们也可以修改 DataFrame 中的值，修改方法参考下面的代码：

```
# 赋值
print('df\n', df)
s1 = pd.Series([1, 2, 3, 4], index=pd.date_range('20160102', periods=4))
print('s1\n', s1)
df['F'] = s1
print('df\n', df)
df.at[date[0], 'A'] = 0
print('df\n', df)
df.loc[:, 'D'] = np.array([5] * len(df))
print('df\n', df)
```

让我们先来看一下 df 的值：

```
df
                 A         B         C         D
2016-01-01 -0.802430 -0.424146  0.189721  2.596118
2016-01-02 -0.655110 -0.263982  0.482027 -1.014074
2016-01-03 -2.018104  0.974313  0.384814  1.759357
2016-01-04 -1.306339  0.417810  0.325614 -0.070060
2016-01-05  0.116311 -0.357294 -0.409391 -0.096714
```

下面创建一个 s1 的序列，并且让它的索引从 20160102 开始，在将 s1 加入 df 时，两个
索引会进行匹配，其结果如下：

```
s1
2016-01-02    1
2016-01-03    2
```

```
2016-01-04    3
2016-01-05    4
Freq: D, dtype: int64
df
                   A          B          C          D    F
2016-01-01 -0.802430 -0.424146  0.189721  2.596118  NaN
2016-01-02 -0.655110 -0.263982  0.482027 -1.014074  1.0
2016-01-03 -2.018104  0.974313  0.384814  1.759357  2.0
2016-01-04 -1.306339  0.417810  0.325614 -0.070060  3.0
2016-01-05  0.116311 -0.357294 -0.409391 -0.096714  4.0
```

可以看到在 F 列第一行的值被 NaN 取代了。当然，还可以修改某一个特定的值或已经存在的某一列，在上面的例子中分别修改了 A 栏的第一行，以及 D 栏的整列，其输出的结果分别如下：

```
df
                   A          B          C          D    F
2016-01-01  0.000000 -0.424146  0.189721  2.596118  NaN
2016-01-02 -0.655110 -0.263982  0.482027 -1.014074  1.0
2016-01-03 -2.018104  0.974313  0.384814  1.759357  2.0
2016-01-04 -1.306339  0.417810  0.325614 -0.070060  3.0
2016-01-05  0.116311 -0.357294 -0.409391 -0.096714  4.0
df
                   A          B          C   D    F
2016-01-01  0.000000 -0.424146  0.189721   5  NaN
2016-01-02 -0.655110 -0.263982  0.482027   5  1.0
2016-01-03 -2.018104  0.974313  0.384814   5  2.0
2016-01-04 -1.306339  0.417810  0.325614   5  3.0
2016-01-05  0.116311 -0.357294 -0.409391   5  4.0
```

现在我们已经获得了一个包含 NaN 值的 DataFrame，那么 Pandas 是如何处理包含 NaN 值的 DataFrame 的呢？ Pandas 中包含了下面三个函数：

```
print(df.dropna(how='any'))
print(df.fillna(value=3))
print(pd.isnull(df))
```

dropna() 函数会删除包含 NaN 的数据行，fillna() 函数会使用默认值来填充 NaN 函数，pd.isnull() 函数会判断是否包含 NaN 函数，上面三个函数的输出结果如下：

```
                   A          B          C   D    F
2016-01-02  0.240617  0.553325 -1.048482   5  1.0
2016-01-03 -0.384868  0.656671 -1.600140   5  2.0
2016-01-04 -0.484593  0.389173 -0.006816   5  3.0
2016-01-05  0.967616  0.359171  1.555534   5  4.0
                   A          B          C   D    F
2016-01-01  0.000000 -1.025440 -0.736139   5  3.0
2016-01-02  0.240617  0.553325 -1.048482   5  1.0
2016-01-03 -0.384868  0.656671 -1.600140   5  2.0
```

```
2016-01-04 -0.484593  0.389173 -0.006816  5  3.0
2016-01-05  0.967616  0.359171  1.555534  5  4.0
                A       B       C       D      F
2016-01-01  False   False   False   False    True
2016-01-02  False   False   False   False   False
2016-01-03  False   False   False   False   False
2016-01-04  False   False   False   False   False
2016-01-05  False   False   False   False   False
```

DataFrame 也包含众多的一元、二元操作符，比如 df.mean() 用于求特定轴上的均值，df.cumsum() 用于求某一轴向的积累值等，更多的方法可以参考文档：http://pandas.pydata.org/pandas-docs/stable/dsintro.html#dataframe。

DataFrame 同样也可以用于合并或切分，考虑下面的代码：

```
df = pd.DataFrame(np.random.randn(10, 4))
pieces = [df[:3], df[3:7], df[7:]]
print(pd.concat(pieces))

left = pd.DataFrame({'key': ['foo', 'foo'], 'lval': [1, 2]})
right = pd.DataFrame({'key': ['foo', 'foo'], 'rval': [4, 5]})
print(pd.merge(left, right, on='key'))

df = pd.DataFrame(np.random.randn(8, 4), columns=['A', 'B', 'C', 'D'])
s = df.iloc[3]
df.append(s, ignore_index=True)
```

这里有三种方法可以做到类似的事情，concat() 方法可以将一个列表的列表合并成一个完整的 DataFrame；merge() 方法则相当于数据库的 join，它会将 key 相同的部分进行全匹配。比如上面的例子中因为所有的 key 都是 foo，所以 left 与 right 的数据会做一个笛卡儿积生成 4 行数据；最后 df 也支持类似 Python 列表一样的 append() 方法，上面的代码运行之后输出的结果如下：

```
df
           0         1         2         3
0  -0.661266  2.139186  0.061672 -1.099556
1   0.284033 -0.239712  1.601952 -0.462152
2  -0.366901 -0.696193 -1.407358 -2.375927
3   1.978238 -0.498227  0.675658 -0.912945
4   0.873093  1.472082  0.606314 -0.815918
5   0.174680  1.835041 -0.880620 -0.354517
6   0.549976  0.032863  0.303027 -0.267936
7  -0.112737 -0.239818 -0.905320 -0.067613
8  -0.177759  0.714518  0.159453  0.391414
9  -0.784090  0.190341 -2.113066 -1.342524
pd.concat(pieces)
           0         1         2         3
0  -0.661266  2.139186  0.061672 -1.099556
```

```
1   0.284033 -0.239712   1.601952 -0.462152
2  -0.366901 -0.696193  -1.407358 -2.375927
3   1.978238 -0.498227   0.675658 -0.912945
4   0.873093  1.472082   0.606314 -0.815918
5   0.174680  1.835041  -0.880620 -0.354517
6   0.549976  0.032863   0.303027 -0.267936
7  -0.112737 -0.239818  -0.905320 -0.067613
8  -0.177759  0.714518   0.159453  0.391414
9  -0.784090  0.190341  -2.113066 -1.342524
pd.merge(left, right, on="key")
    key  lval  rval
0   foo    1     4
1   foo    1     5
2   foo    2     4
3   foo    2     5
df.append(s, ignore_index=True)
           A         B         C         D
0   0.173765 -0.985635 -0.166794  2.055446
1  -0.270615  0.746859  1.880721 -0.575142
2   0.760948 -1.612376  0.612100  0.843499
3   0.156191  1.129411  0.309346  0.486410
4  -0.156947 -0.696577  0.213041  1.204255
5   1.126087 -0.416309  0.077821  1.614257
6   1.239740 -0.057409 -0.644894  0.561680
7   0.539107  1.182629 -0.723396 -0.399523
```

同样 DataFrame 也支持类似数据库的 groupby 操作，参考下面的代码：

```
df = pd.DataFrame({'A': ['foo', 'bar', 'foo', 'bar',
                         'foo', 'bar', 'foo', 'foo'],
                   'B': ['one', 'one', 'two', 'three',
                         'two', 'two', 'one', 'three'],
                   'C': np.random.randn(8),
                   'D': np.random.randn(8)})

print(df.groupby('A').sum())
print(df.groupby(['A', 'B']).sum())
```

这里有一个包含两列字符串的 DataFrame，我们可以通过 groupby 进行分组，然后再计算总和，首先按照 A 栏中的字符串进行分组加总，然后按照 AB 两栏进行分组加总，其输出的结果如下：

```
            C         D
A
bar -0.331258 -2.350046
foo -0.811436 -4.468249


             C         D
A   B
bar one  -0.985503 -1.092366
```

```
      three -1.041344 -1.311792
      two    1.695589  0.054113
foo one    0.861533  0.414157
      three -1.616901 -1.934980
      two   -0.056068 -2.947427
```

请仔细查看这个结果，如果有 Excel 经验的读者可能会发现，这个结果非常类似于 Excel 的透视图，没错，groupby 的功能与 Excel 透视图的功能非常类似，有兴趣的读者不妨尝试使用这个方法完成一个以前用 Excel 做的工作，再对比一下结果。

最后一个要讲的 Pandas 的特性就是分类类型了，参考下面的代码：

```
df = pd.DataFrame({"id": [1, 2, 3, 4, 5, 6], "raw_grade": ['a', 'b', 'b', 'a',
'a', 'e']})
df["grade"] = df["raw_grade"].astype("category")
print(df["grade"])
```

一个简单的创建分类序列的方式是，对 DataFrame 的某一栏调用 astype("category") 方法，上面程序的输出结果为：

```
0    a
1    b
2    b
3    a
4    a
5    e
Name: grade, dtype: category
```

这种类型可以用作分类算法的分类栏。

在简单介绍了 Pandas 的基本功能之后，让我们以一个实战的例子来总结一下 Pandas 的操作。

10.2.2 泰坦尼克号生存率分析实战

泰坦尼克号的事故想必很多读者都知道，甚至还看过电影。泰坦尼克号总乘客数为 2224 名，在这场灾难当中共有 1502 名乘客不幸遇难，关于救援和逃生，很多人相信是因为救生艇准备不充分，以及附近的船只没有及时救援所导致，还有一些人认为性别、年龄或是阶级也与生存率有关，现在就让我们通过数据的方式来探索一下其中的原因，顺便巩固一下前面刚刚学习的 Pandas 的知识。

先来载入数据，参考代码清单 10-2。

代码清单 10-2：titanic_analysis.py

```
# ! /usr/bin/python
# -*- coding: utf-8 -*-

from __future__ import print_function
import numpy as np
import matplotlib.pyplot as plt
import pandas as pd

pd.set_option('display.max_columns', None)
pd.set_option('display.width', 180)
pd.set_option('max_colwidth', 110)

data = pd.read_csv('/Users/jilu/Downloads/train.csv')
print(data)
```

代码清单 10-2 中首先导入了几个必要的模块，然后设置了一下 Pandas 的显示选项。为什么要设置显示选项呢？设置 display.max_columns 的原因是因为当 df 的栏过多时，Pandas 只会打印其中的一部分栏，而这不是我们想要的，若想要查看所有的栏可以将 display.max_columns 设置成 None。设置 display.width 的原因是因为 Pandas 默认的打印结果会按照 80 个字符的长度进行截断换行，这样再显示栏过多的数据时就可以很美观地进行格式化了。不过 80 个字符实在是太少了，你真正使用时就会发现实际打印出来的文字甚至还占不到半个屏幕，所以要将 display.width 设置成 180 个字符。最后设置 max_colwidth 为 110，这表示每一个栏如果字符较多则最多显示 110 个字符，因为在人名这一栏上，外国人可能会有较长的名字，所以需要显示这么多字符。在设置了上面的参数之后，我们使用 Pandas 的 read_csv() 函数读取 CSV 文件，其打印的结果如图 10-3 所示[⊖]。

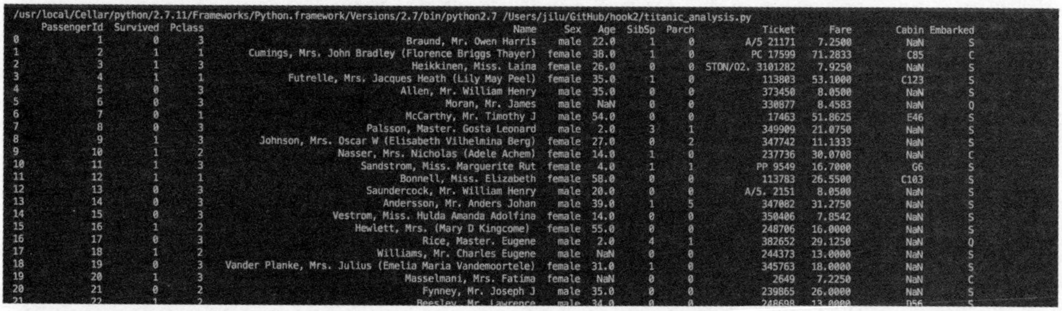

```
/usr/local/Cellar/python/2.7.11/Frameworks/Python.framework/Versions/2.7/bin/python2.7 /Users/jilu/GitHub/hook2/titanic_analysis.py
    PassengerId  Survived  Pclass                                                 Name     Sex   Age  SibSp  Parch            Ticket     Fare  Cabin Embarked
0             1         0       3                              Braund, Mr. Owen Harris    male  22.0      1      0         A/5 21171   7.2500    NaN        S
1             2         1       1  Cumings, Mrs. John Bradley (Florence Briggs Thayer)  female  38.0      1      0          PC 17599  71.2833    C85        C
2             3         1       3                               Heikkinen, Miss. Laina  female  26.0      0      0  STON/O2. 3101282   7.9250    NaN        S
3             4         1       1         Futrelle, Mrs. Jacques Heath (Lily May Peel)  female  35.0      1      0            113803  53.1000   C123        S
4             5         0       3                             Allen, Mr. William Henry    male  35.0      0      0            373450   8.0500    NaN        S
5             6         0       3                                     Moran, Mr. James    male   NaN      0      0            330877   8.4583    NaN        Q
6             7         0       1                              McCarthy, Mr. Timothy J    male  54.0      0      0             17463  51.8625    E46        S
7             8         0       3                       Palsson, Master. Gosta Leonard    male   2.0      3      1            349909  21.0750    NaN        S
8             9         1       3    Johnson, Mrs. Oscar W (Elisabeth Vilhelmina Berg)  female  27.0      0      2            347742  11.1333    NaN        S
9            10         1       2                  Nasser, Mrs. Nicholas (Adele Achem)  female  14.0      1      0            237736  30.0708    NaN        C
10           11         1       3                      Sandstrom, Miss. Marguerite Rut  female   4.0      1      1           PP 9549  16.7000     G6        S
11           12         1       1                             Bonnell, Miss. Elizabeth  female  58.0      0      0            113783  26.5500   C103        S
12           13         0       3                       Saundercock, Mr. William Henry    male  20.0      0      0         A/5. 2151   8.0500    NaN        S
13           14         0       3                          Andersson, Mr. Anders Johan    male  39.0      1      5            347082  31.2750    NaN        S
14           15         0       3                 Vestrom, Miss. Hulda Amanda Adolfina  female  14.0      0      0            350406   7.8542    NaN        S
15           16         1       2                     Hewlett, Mrs. (Mary D Kingcome)   female  55.0      0      0            248706  16.0000    NaN        S
16           17         0       3                                 Rice, Master. Eugene    male   2.0      4      1            382652  29.1250    NaN        Q
17           18         1       2                         Williams, Mr. Charles Eugene    male   NaN      0      0            244373  13.0000    NaN        S
18           19         0       3  Vander Planke, Mrs. Julius (Emelia Maria Vandemoortele)  female  31.0      1      0            345763  18.0000    NaN        S
19           20         1       3                              Masselmani, Mrs. Fatima  female   NaN      0      0              2649   7.2250    NaN        C
20           21         0       2                                 Fynney, Mr. Joseph J    male  35.0      0      0            239865  26.0000    NaN        S
21           22         1       2                                Beesley, Mr. Lawrence    male  34.0      0      0            248698  13.0000    D56        S
```

图 10-3　需要处理的 CSV 文件

让我们来看一下每一列的定义，在代码清单中加入如下代码：

⊖ 由于栏实在太多了，直接列出文本将没法正确地显示，所以这里只是一张控制台的截图。

```
print(data.xs(0))
```

df 的 xs() 方法代表横断面（cross-section），比如这里使用参数 0 调用则表示以行为横断面探索数据，其输出的结果为：

```
PassengerId                            1
Survived                               0
Pclass                                 3
Name            Braund, Mr. Owen Harris
Sex                                 male
Age                                   22
SibSp                                  1
Parch                                  0
Ticket                         A/5 21171
Fare                                7.25
Cabin                                NaN
Embarked                               S
Name: 0, dtype: object
```

这里好像是将 df 沿着行的方向切下一片（第一行）一样。在这份数据中，PassengerId 是一个自增的乘客 ID，并没有实际的含义；serrived 栏表示是否存活，值为 0 表示未存活，值为 1 表示存活；Pclass 栏的含义是乘客的阶级，1 表示上层阶级，2 表示中层阶级，3 表示下层阶级；Name 栏中是乘客的姓名；Sex 栏是乘客的性别；Age 是用户的年龄；SibSp 代表该名乘客同行的兄弟姐妹的人数，Parch 代表该名乘客同行的父母子女的人数；Ticket 代表船票号；Fare 代表船票的价格；Cabin 代表船舱；Embarked 代表上船地点，其中 C 代表 Cherbourg（法国，瑟堡），Q 代表 Queenstown（新西兰，皇后镇），S 代表 Southampton（英国，南安普敦）。

在电影中，最感动人心的一幕就是很多绅士将救生船的位置让给妇女儿童，所以我们的第一个推断就是女性的幸存率较高。为了验证这个推断，可以在代码清单 10-2 中添加如下的代码来进行男女幸存率的计算：

```
men = data[data.Sex == 'male']
women = data[data.Sex == 'female']
proportion_women_survived = float(sum(women.Survived)) / len(women)
proportion_men_survived = float(sum(men.Survived)) / len(men)
print('female: ', proportion_women_survived)
print('male: ', proportion_men_survived)
```

首先按照 Sex 的值将原始的数据按男女分为两组，然后分别用幸存的人数除以总人数，计算得到幸存率：

```
female:  0.742038216561
male:  0.188908145581
```

很明显，我们的推论被证实了了，女性的存活率远远大于男性的存活率。虽然结果没有问题，不过既然我们使用 Pandas 就希望在计算上能够方便一下，那么有没有更简便的方式进行同样的计算呢？参考下面的代码：

```
print(data.groupby('Sex').Survived.mean())
```

首先，由于我们将幸存者的 Survived 的值定为 1，丧生的人定为 0，所以计算生存率的公式与计算 Survived 这一列的均值的公式是相同的。另外，分组操作也可以使用 groupby() 函数，因此就有了上面的那一行代码，其运行结果与第一种方法相同，代码如下：

```
Sex
female    0.742038
male      0.188908
Name: Survived, dtype: float64
```

虽然打印的小数位数变少了，但是请注意程序在这里仍然是使用 float64 的精度来保存数据的，真正的数据并没有损失精度。

另外一个推测就是年龄较小的儿童，尤其是 5~6 岁以下的儿童将会有很大的生存率，让我们来验证一下，在代码清单 10-2 中加入下面的代码：

```
import matplotlib.style

matplotlib.style.use('ggplot')

need_data = data.loc[:, ['Age', 'Survived']].dropna(how='any')
need_data['Age'] = need_data['Age'].apply(round).astype('int16')
grouped = need_data.groupby('Age').Survived
survived = grouped.sum()
died = grouped.size() - survived
df = pd.DataFrame(dict(died=died, survived=survived))
df.plot.bar(figsize=(20, 10))

plt.show()
```

与以往不同的是，这一次使用了 ggplot 的风格进行绘图，整体风格更加现代一些。首先要将年龄和幸存与否的字段单独拿出来，然后将小数的年龄四舍五入取近似的整数值，再按照年龄进行 groupby。通过一系列的处理，最终 df 的数据只包含每个年龄中幸存的和丧生的人数，绘出的图像如图 10-4 所示。

因为年龄的数量太多了，所以图片比较小。不过仍然可以看出，在 6 岁以下灰色的柱（代表幸存数）是远大于黑色柱的，而在其他的年龄段上丧生率则要大一些。

最后一个推论就是阶级因素了，还记得电影中贵族们慷慨赴死的镜头么，显然，无论在哪个年代这都是一种绅士行为。读者们不妨自己尝试一下，使用本章介绍的方法探索一下这个推论是否成立。10.3 节将会简单地介绍一下著名的 Python 机器学习模块 Scikit-learn，到时候我们还会使用这里的数据。

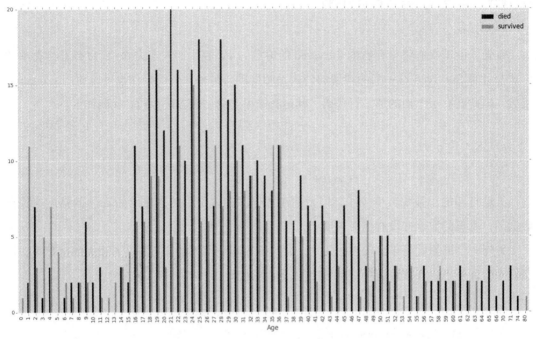

图 10-4　每个年龄中幸存和丧生的人数

10.3　Scikit-learn 入门和实战

Scikit-learn 是最为著名的 Python 机器学习库，一般提到机器学习，就表示通过让机器对一小部分已知的样本进行学习，然后对更多的未知样本中的某些属性进行预测。这些属性一般也称为"特征"。根据处理问题的方式不同，机器学习大致分为下面的几类。

1. 监督学习

所谓监督学习就是通过所有特征已知的训练集让机器学习其中的规律，然后再向机器提供有一部分特征未知的数据集，让机器帮我们补全其中未知部分的一种方法，主要包括下面两大类。

❑ 分类，根据样本数据中已知的分类进行学习，对未知分类的数据进行分类就称为分类。举例来说某个饮料分类中的物品有下列特征：液体，瓶装，可食用，保质期 12个月，那么同样拥有类似特征的物品则可能会被分类到饮料中。虽然对于超市来说，这种分类大多是人工进行的，但是对于更复杂的场景，比如对数亿张照片，如何按照题材对照片进行分类，利用搜索引擎就能很好地完成这份工作。

❑ 回归，根据样本中的离散的特征描绘出一个连续的回归曲线，之后只要能给出其他任意几个维度的值就能够确定某个缺失的维度值的方法就称为回归。典型的回归就是，利用人类的性别、年龄、家族成员等信息建立一个身高的回归方程，以预测新生儿各个年龄阶段的身高。

2. 无监督学习

无监督学习不会为机器提供正确的样本进行学习，而是靠机器自己去寻找可以参考的依据，通常使用距离函数或是凸包理论等方式对给定的数据集进行聚类。

聚类的典型应用是对用户进行聚类分析，比如按照用户访问网站的行为将用户分成不同的类型，通过聚类发现不同的收入水平，或者不同风格偏好的用户。

要想讲完机器学习的所有知识，好几本书都不够，所以本节并不会将机器学习的方方面面都覆盖到，甚至因为要想系统地研究机器学习首先需要大量的关于数学、概率、线性代数及算法等方面的知识，所以这里只能避重就轻地讲解一些基础的入门知识。希望能让读者对机器学习有一个粗浅的了解，为未来的继续学习打下一定的基础。

本节将使用 Scikit-learn 这个第三方模块，可以通过下面的命令进行安装：

```
$pip install sklearn
$pip install scipy
```

10.3.1　机器学习术语

先了解一下机器学习中的术语将有助于我们快速地吸收知识，虽然短短的一节无法涵盖所有的机器学习知识，但是希望读者对机器学习能有一个整体的认识，为以后的学习打下基础。

❑ **训练集 / 测试集**：通常在有监督的机器学习中会有一组已知其分类或结果值的数据，一般来说我们不能把这些数据全部用来进行训练，如果使用全部的数据进行训练，那么将有可能导致过拟合。而且我们也需要用一部分的数据来验证算法的效果。

❑ **过拟合**：所谓过拟合，就是训练后的算法虽然严格地符合训练集，但可能会在面对真正的数据时效果变差，如图 10-5 所示，通过每个点的这条线就是过拟合的结果，而只是大致描绘每个点分布的这条线则是正常训练的结果。过拟合的训练结果将会使算法在测试时表现得完美无缺，但是实际应用时却很不理想。

❑ **特征工程**：假设图 10-5 是一个真正的样本数据，那么 x 轴和 y 轴就是数据特征。而特征工程的目的就是针对原始数据中千奇百怪的数据进行数量化，每一个样本将形成一个特征向量来描绘这个样本。在特征工程中，我们不仅会处理确实的数据，还会避免某一维度的特征过分主导结果，进行归一化的操作。

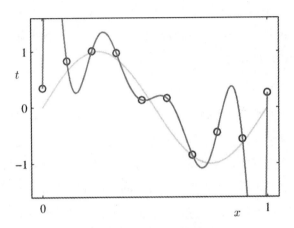

图 10-5　过拟合的结果

❑ **数据挖掘十大算法**：经典的数据挖掘算法主要有 10 种，包括 C4.5 决策树、K- 均值、支持向量机（SVM）、Apriori、最大期望（EM）、Pagerank、AdaBost、k- 邻近（kNN）、朴素贝叶斯算法和分类回归树算法。其中 Apriori 算法和 Pagerank 算法并不包含在 Scikit-learn 之中。本章已经介绍过 kNN 算法了，若想要了解其他算法的具体原理，可以找专门的一些图书进行学习。Scikit-learn 已经将这些算法封装成了一个具体的流程，使用者只需要按照流程提供其所需要的数据格式的数据即可。

❑ **正确率 / 召回率 /ROC 曲线**：这些是用来衡量机器学习算法效果的三个指标。正确率，顾名思义就是正确的比率是多少，但这实际上掩盖了样本是如何被分错的。在一个二分类的任务中，被正确分类的正例与所有正例（包含被错误分类为负例的正例）的比值就叫作召回率，召回率越大表示被错判的正例就越少。ROC 曲线则是"被正确分为正例的正例 vs 被错误分为正例的负例"的曲线，如图 10-6 所示。

该曲线的含义很难描述，图 10-6 的左上角代表当没有负例被错误地分类为正例时，全部的正例都会被正确地分类。不过当曲线贴近左上角时这条曲线下的面积（AUC 面积）就是最大的状态，此时则代表这个分类器是完美的分类器，我们用 AUC=1 来表示。图 10-6 中的曲线是表示随机猜测的 ROC 曲线，此时 AUC=0.5，所以可以用 AUC 来描述一个分类器的好坏。

❑ **降维**：有的时候我们所获取的数据有几万到几亿个维度（自然语处理很容易达到这个

数量级），此时就需要通过一些手段，比如 SVD 分解，或者组成成分分析等手段来消去对结果不产生影响或影响微小的维度，以减小对算力的需求。

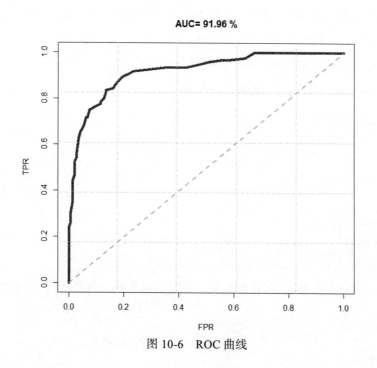

图 10-6　ROC 曲线

10.3.2　Scikit-learn 基础

一个完整的机器学习的流程应当如下所示。

1）收集数据，我们可以通过网络爬虫或系统日志及其他已经结构化好的数据来获取机器学习中必要的数据。在一个机器学习的任务中，数据的重要性是最高的，在行业中流传甚广的一句名言就是"数据决定了机器学习能力的上限，算法只能尽可能地逼近这个上限而已"。

2）特征工程，在常规的机器学习任务中，特征工程是仅次于数据的一个工作，可以说在有了原始数据之后 80% 的工作都是在做特征工程。也就是将数据处理成适合某种算法处理的结构，补全确实的数据，为数据集构建合理的特征。

3）训练算法，从这一步开始才是进行真正的机器学习，虽然可能要经历选择算法和调参的步骤，不过大多数算法都是值得信任的。而且有些算法的参数极其简单，有些甚至只有一个迭代次数的参数，这里工程人员能做的工作并不多。在训练完算法之后可以得到一个模型。

4）测试模型，通过正确率 / 召回率 /AUC 等指标衡量模型的好坏，再根据结果尝试调整特征工程或算法的参数，再次训练算法得到模型，测试模型，直到效果令我们满意为止。

5）应用模型，在完成前面的所有工作之后，就可以将这个模型用于真正的工作中了。

在学习 Scikit-learn 时，为了方便，Scikit-learn 已经内置一些常用的数据集，比如我们曾经使用过的莺尾花数据集，或者是手写数字的数据集，这两种数据集可以直接从 Scikit-learn 的子模块 datasets 中导入，参考下面的代码：

```
# ! /usr/bin/python
# -*- coding: utf-8 -*-

from __future__ import print_function
from sklearn import datasets

iris_data = datasets.load_iris()
digits_data = datasets.load_digits()

print('iris_data\n', iris_data.data)
print('digits_data\n', digits_data.data)
```

无论是 iris_data 还是 digits_data 的数据，都是一种类似字典的结构[⊖]，上面的程序的输出结果为：

```
iris_data
 [[ 5.1  3.5  1.4  0.2]
 [ 4.9  3.   1.4  0.2]
 [ 4.7  3.2  1.3  0.2]
 ...
 [ 6.5  3.   5.2  2. ]
 [ 6.2  3.4  5.4  2.3]
 [ 5.9  3.   5.1  1.8]]
iris_target
 [0 0 0 ... 2 2 2]
digits_data
 [[  0.   0.   5. ...,   0.   0.   0.]
 [  0.   0.   0. ...,  10.   0.   0.]
 [  0.   0.   0. ...,  16.   9.   0.]
 ...,
 [  0.   0.   1. ...,   6.   0.   0.]
 [  0.   0.   2. ...,  12.   0.   0.]
 [  0.   0.  10. ...,  12.   1.   0.]]
digits_target
 [0 1 2 ..., 8 9 8]
```

在 Scikit-learn 中所有分类的算法都有两个方法 fit(x, y) 和 predict(T)，fit() 方法用来训练算法，predict(T) 则用来做一次分类的测试。本节会选用 Scikit-learn 提供的支持向量机

⊖ 实际上 Scikit-learn 是使用 Numpy 的数据结构进行存储和计算的。

（SVM）的算法进行一次简单的尝试，现在可以简单地将算法看成是一个黑盒，而无须关心具体的细节，只须关注使用方法即可。想要使用 Scikit-learn 提供的支持向量机算法，需要导入相应的子模块，并使用参数初始化一个分类器，代码如下：

```
from sklearn import svm

clf = svm.SVC(gamma=0.001, C=100.)
```

这里先不用管这两个参数的含义，我们才刚刚开始。下面就使用除最后一行之外其余的数据进行训练，调用 fit() 函数，针对手写数字数据集进行训练：

```
clf.fit(digits_data.data[:-1], digits_data.target[:-1])
```

然后调用 predict() 函数进行测试：

```
print('predicted', clf.predict(digits_data.data[-1:]))
print('true', digits_data.target[-1:])
```

其结果是：

```
predicted [8]
true [8]
```

预测的结果与实际的结果一致，都是 8。为了将原始数据及其中的手写字数据绘制出来，可以使用下面的程序：

```
import matplotlib.pyplot as plt
plt.figure(1, figsize=(3, 3))
plt.imshow(digits_data.images[-1], cmap=plt.cm.gray_r, interpolation='nearest')
plt.show()
```

运行程序得到的图，如图 10-7 所示。

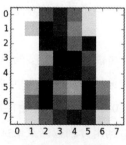

图 10-7　手写字

虽然这张图片非常的模糊，作为人类甚至也很难识别出来，不过模型得到了正确的结果，现在再回来看一下，是不是有一点像 "8" 呢。

每当我们训练完模型之后，当然想将模型保存下来以供后续的使用。有两种方式可以做到：一种是使用 Python 标准库 pickle 进行序列化；另一种是使用 Scikit-learn 的 joblib 模块。下面的代码分别展示了这两种方法：

```
# 方法 1
import pickle

with open('/Users/jilu/Downloads/clf', 'a') as fw:
    pickle.dump(clf, fw)
with open('/Users/jilu/Downloads/clf', 'r') as fr:
    clf = pickle.load(fr.read())

# 方法 2
from sklearn.externals import joblib

joblib.dump(clf, '/Users/jilu/Downloads/clf')
clf = joblib.load('/Users/jilu/Downloads/clf')
```

这两种方法的效果比较类似，但是更推荐使用第二种方法，因为这种方法更加方便。

本节简单地介绍了如何使用 Scikit-learn 进行机器学习，虽然没有涉及具体算法的知识，但实际上使用 Scikit-learn 的目的就是减少对使用者的基础知识的要求[⊖]。10.3.2 节将通过一个实际的例子来加深对于 Scikit-learn 的应用，顺便补充一些关于算法的知识。

10.3.2 实战

本节将使用随机森林算法，并以泰坦尼克号乘客幸存的情况作为训练集，得到一个沉船时乘客幸存与否的模型。因为这份数据在前面的章节中已经探索过了，所以这里直接从算法开始。

在讨论随机森林之前，先让我们了解一下组成随机森林的基础——决策树算法。考虑这样一个场景：在网上购买商品时，面对一个具体的商品，确定是否购买时一般会经历哪些决策？请参考图 10-8。

每一个抉择都会经历一个判断，可能你会做更多的决策，不过最终的结果只是把某一个商品分类为买还是不买。事实上，决策树算法所做的事情也与之类似，即基于原始数据中的每一个数据的维度，自根节点（图 10-8 的顶端）开始往叶节点（图 10-8 最底端的节点）中逐步评估特征分裂的信息增益，最后选出分割数据及最优的特征。信息增益通过计算节点的不纯度（即节点标签不类似的程度）来判断哪种分割方式是最优的，通常来说，可以使用基尼不纯度来衡量。

而随机森林算法，顾名思义就是以随机的方式建立一个森林，里面有很多决策树组成，

⊖　若想查阅其他的算法如何使用可以参考：http://scikit-learn.org/stable/tutorial/statistical_inference/index.html。

树与树之间是没有关系的。在得到森林之后，当有一个新的样本输入的时候，让所有的数都决策一下看样本属于哪个分类，哪一种类被选择的最多，随机森林最终的结果就是哪个分类。虽然使用 Scikit-learn 并不需要我们实现机器学习的代码，但是能够理解其中的原理还是有一些好处的。

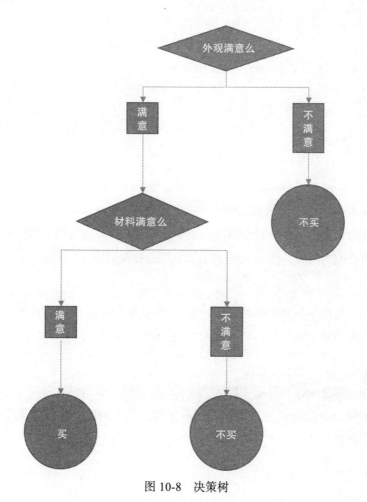

图 10-8　决策树

在进行机器学习训练之前，要将样本中的数据数值化，即让不是数字的字符串转化为数字。我们可以简单地进行枚举。比如某一列数据中仅包含 2 个不同的值（还记得泰坦尼克号的例子吗？在 Sex 那一列只包含 female 和 male 两种值），我们可以令其中一个为 0，另外一个为 1。数值化的好处是可以节约模型存储的数据量，以及计算时比较字符需要消耗的算力。参考下面的代码：

```
#！/usr/bin/python
```

```
# -*- coding: utf-8 -*-

from __future__ import print_function
import random
import csv as csv

import pandas as pd
import numpy as np
from sklearn.ensemble import RandomForestClassifier

data_df = pd.read_csv('/Users/jilu/Downloads/train.csv', header=0)

# 将性别转换成数字表示，1表示男性，0表示女性
data_df.Sex = data_df.Sex.map({'female': 0, 'male': 1}).astype(int)

# 将登船地点转换为数字表达
embarded_dict = dict(map(lambda x: x[::-1], enumerate(np.unique(data_
df.Embarked))))
data_df.Embarked = data_df.Embarked.map(embarded_dict).astype(int)
```

首先我们需要导入必要的模块，然后使用 Pandas 的 read_csv() 方法读取数据。这里有两列字段需要数值化，一个是性别，另外一个是登船地点。分别使用了两种模式，第一种是硬编码一个数值化的对照表，将 female 映射为 0，male 映射为 1。代码如下：

```
{'female': 0, 'male': 1}
```

第二种方法，当枚举类型较多时，可以使用 Python 的 enumerate() 方法为列表中的每个元素生成一个自增的数字编号，如果将 embarded_dict 打印出来，应该是下面这个样子：

```
{nan: 0, 'Q': 2, 'C': 1, 'S': 3}
```

其中，np.unique() 函数可以统计数组中唯一出现的值。在这里可以使用一个技巧，即使用 map() 函数翻转 enumerate() 生成的值对列表中每个值对的顺序。可以参考下面的两个例子理解一下这个函数的功能：

```
>>> list(enumerate('abc'))
[(0, 'a'), (1, 'b'), (2, 'c')]
>>> map(lambda x: x[::-1], list(enumerate('abc')))
[('a', 0), ('b', 1), ('c', 2)]
>>>
```

map() 函数会将第一个参数中的 lambda 函数作用于第二个序列类型参数中的每一个元素，并且会返回一个新的序列类型。

前面几节中探索泰坦尼克号的幸存者数据时，发现有一部分的数据是缺失的，在刚刚统计登船地点时缺失值 NaN 被映射成了 0 值，所以现在要将几个可能为空的列中的空值用其他值进行补全。补全的原则很简单，枚举类型的列将用众数（mode）补全，数值类型的列将

用中位数补全$^{\ominus}$。接下来请把下面的代码加入代码清单 10-2 中：

```
# 计算数据集中登船地点中的众数 (mode)，并且将缺失登船地点的全部赋值为最常见的地点
embarked_mode = pd.Series(data_df.Embarked).dropna().mode().values
data_df.Embarked[data_df.Embarked.isnull()] = embarked_mode

# 使用年龄的中位数补全缺失的年龄信息
median_age = data_df.Age.dropna().median()
data_df.Age[data_df.Age.isnull()] = median_age

# 按照每个阶级的中位数票价补全缺失的票价信息
class_median_fare = dict(data_df.loc[:, ["Pclass", "Fare"]].dropna(how='any').
groupby('Pclass').Fare.median())
    data_df.Fare[data_df.Fare.isnull()] = data_df.Pclass[data_df.Fare.isnull()].
map(class_median_fare)
```

这里将补全三列：登船地点、年龄及票价，补全的方式是一样的，下面就拿其中的一个进行举例说明。

比如计算登船地点的众数时，我们会先取得登船地点的那一列数据，然后删除掉空值，使用 mode() 函数计算众数，最后只要使用上一节讲过的赋值方式，将所有的空值使用计算出来的众数进行补全。补全数值类型的列除了计算数值的中位数时要使用 median() 函数之外，并没有什么区别。这里要着重看一下补全票价信息时，我们所要做的额外操作。

在补全票价信息时，为了公平，我们希望按照不同的阶级来计算出每个阶级票价的中位数，然后分别进行补全。因为很显然，收入不同，所选择的票价也应该不同。只要注意了这一点就不会在后面的训练算法时出现太大的误差。

接下来就是将每名乘客的 ID 单独提取出来，并删掉对分类没有太大帮助的列，最重要的是将数据分为训练集和测试集，那么请把下面的代码加入代码清单 10-2 中：

```
# 在删除乘客 ID 栏之前请保存乘客的 id
ids = data_df['PassengerId'].values
# 移除非数字类型的栏
data_df = data_df.drop(['Name', 'Ticket', 'Cabin', 'PassengerId'], axis=1)

# 将原始数据分为训练集和测试集
index = np.array(range(len(ids)))
random.shuffle(index)
train_df, test_df = data_df.loc[index[:800]], data_df.loc[index[800:]]
train_ids, test_ids = ids[index[:800]], ids[index[800:]]
```

这次泰坦尼克号乘客的幸存情况总共包含 891 条数据，我们使用了 random.shuffle 函数将原始的序列打乱，并且将其中随机的 800 条作为训练集，91 条数据作为测试集。在进行了这么多准备工作之后，终于到训练算法的步骤了：

　　$\ominus$　有的时候也可以用均值进行补全。

```
# 训练算法
print('Training...')
forest = RandomForestClassifier(n_estimators=100)
forest = forest.fit(train_df.values[0::, 1::], train_df.Survived.values)
# 进行预测
print('Predicting...')
output = forest.predict(test_df.values[0::, 1::]).astype(int)
```

不要忘记将这段代码加入代码清单 10-2 中。训练算法很简单，只需要一个参数即可，n_estimators 的值表示需要使用多少棵决策树构建随机森林。然后就可以训练并使用测试集进行测试了。

当然，可以在打印 output 的结果后，与实际的测试集分类进行对比，从而考察算法的正确率。不过 Scikit-learn 为我们提供了方便的函数来测试算法的好坏，现在将下列代码继续加进代码清单 10-2：

```
# 用最简单的方式评估预测效果，分值越大越好
score = forest.score(test_df.values[0::, 1::], test_df.Survived.values)
print('score:', score)
```

其运行结果如下：

```
score: 0.824175824176
```

这段代码会为我们计算一个分数，数值越大越好⊖。虽然这种方式很简单，可是却掩盖了为什么好，为什么不好，使得我们缺少一个明确的防线去继续优化。下面将介绍另外几种常见的方式，以用于帮助我们分析问题的所在。

混淆矩阵，可以帮助我们更好地理解分类中错误的来源，参考下面的代码：

```
# 混淆矩阵
from sklearn.metrics import confusion_matrix

print(confusion_matrix(test_df.Survived.values, output))
```

其运行的结果为：

```
[[43 12]
 [ 4 32]]
```

结果是一个矩阵，下面这个表格为这个矩阵的横轴和纵轴标注了对应的含义。

		预测结果	
		死亡 (0)	幸存 (1)
真实结果	死亡 (0)	43	12
	幸存 (1)	4	32

⊖ 由于随机的成分，你得到的结果可能和我的不同，甚至多次运行同一个程序结果都会不同。

这里的分类问题是一个二分类问题，所以存在四种分类的情况，具体如下。

❑ 实际上死亡的乘客被正确地分类为死亡的，称为真正例（TP）。

❑ 实际上幸存的乘客被错误地分类为死亡的，称为伪正例（FP）。

❑ 实际上幸存的乘客被正确地分类为幸存的，称为真反例（TN）。

❑ 实际上死亡的乘客被错误地分类为幸存的，称为伪反例（FN）。

从上面的表格中可以发现，在两种错误的分类中，更多的是实际上死亡的乘客被错误地分类为幸存情况。

由混淆矩阵衍生出了正确率和召回率两个评价算法优劣的指标。其中正确率等于 TP/(TP+FP)，给出的是预测为正例的样本中真正的正例所占的比例。而召回率等于 TP/(TP+FN)，代表预测为正例的真实正例占所有真实正例的比例。

读者很容易就能看出，正确率和召回率很难同时保证很高的值。如果将任何样本都判断为正例，那么召回率100%，而此时正确率则很低。构建一个两者的值同时都很高的分类器是很有挑战的。Scikit-learn 也为我们提供了方便地计算正确率和召回率的函数，参考下面的代码：

```
# 正确率和召回率
from sklearn.metrics import precision_score, recall_score
print('precision:', precision_score(test_df.Survived.values, output))
print('recall', recall_score(test_df.Survived.values, output))
```

其运行之后的结果为：

```
precision: 0.727272727273
recall 0.888888888889
```

这可能看起来还算不错。

另外一个用于衡量分类器效果的工具就是 ROC（receiver operating characteristic）曲线，本例的 ROC 曲线，如图 10-9 所示。

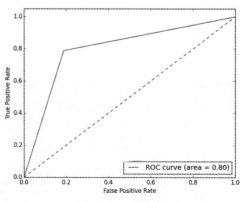

图 10-9 ROC 曲线

图 10-9 给出了两条曲线，一条实线一条虚线，图中的横轴是假阳率（FP/(FP+TN)），纵轴是真阳率（TP/(TP+FN)）。ROC 曲线给出的是当阈值变化时假阳率和真阳率的变化情况。理想的情况下完美的分类器，曲线应当非常接近左上角，这就意味着分类器在假阳率很低的情况下同时获得了很高的真阳率。不过 ROC 曲线的含义比较难以理解，因此通常使用 AUC（曲线下面积）来衡量分类器的性能。在图 10-9 中，虚线代表随机猜测时的结果，此时 AUC 为 0.5。而完美的分类器的 AUC 是 1，通常，真正的 AUC 的值是在 0.5 到 1 之间，为了计算 AUC，以及绘制 ROC 曲线，请将下列代码添加到代码清单 10-2 中：

```python
# ROC 曲线及 AUC
from sklearn.metrics import roc_curve, auc
import matplotlib.pyplot as plt
fpr, tpr, _ = roc_curve(test_df.Survived.values, output)
roc_auc = auc(fpr, tpr)
print('auc:', roc_auc)

plt.figure()
plt.plot(fpr, tpr, label='ROC curve (area = %0.2f)' % roc_auc)
plt.plot([0, 1], [0, 1], 'k--')
plt.xlim([0.0, 1.0])
plt.ylim([0.0, 1.05])
plt.xlabel('False Positive Rate')
plt.ylabel('True Positive Rate')
plt.legend(loc="lower right")
plt.show()
```

其输出的结果为：

```
auc: 0.879050925926
```

这样来看我们的结果还不错。

第 11 章　*Chapter 11*

利用 Python 进行图数据分析

在前面的章节中我们已经学过了各种常规的数据分析方法，甚至还探索了简单的机器学习算法 kNN。本章将会对一种特殊的数据结构——图——的分析进行学习。"图"数据结构是一种经典的计算机数据结构，除此之外，搜索引擎也是假设互联网上的网站组成了一个互相连通的图，并通过相应的算法来对搜索结构进行排序的。最近一些年里，社交网络的兴起也推动了图数据分析的发展，因为在社交网络中，好友、粉丝恰好构成了一张图，也称为网络。在社交网络这个大图中可以发现特定的群体（子图发现），或者发现影响力中心的人物，发现热点事件，甚至预测流行病，科学家对此进行了诸多的尝试。本章将介绍如何使用 Python 进行图数据的分析，为了完成本章内容的学习，需要安装一下第三方库，安装命令如下：

```
pip install networkx
```

11.1　图基础

下面让我们先来看一个典型的图的可视化形式，如图 11-1 所示。

图 11-1 是由节点和边组成的图，如果边没有方向则称为无向图。如果把图 11-1 的节点看作是城市，而边看作是连接城市间的公路，那么计算从任意一座城市到达另外一座城市的最短行走路径就是一个典型的图问题。如果图 11-1 的边不是双向的而是单向的，那么这个图又可以被称作有向图，在有向图中，如果有一条边从 A 节点指向 B 节点，则说 A 为源节点或父节点，B 则为目标节点或子节点。

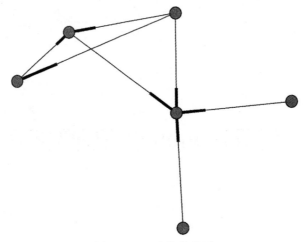

图 11-1　一个简单的图

关于图有很多有趣的问题，在数学上，首次记载图的使用是 1735 年瑞士数学家欧拉用图来解决柯尼斯堡七桥问题⊖。解决这种问题的思想被称为"图论"。当然讨论图论并不是本章的主要内容，下面将会从使用 Python 解决实际的图问题来入手，以学习图挖掘这样一个热门的数据挖掘分类。一开始我们会学习如何使用 NetworkX 及一些基本的图的概念，之后会使用公开的数据源进行一些图分析。

11.2　NetworkX 入门

11.2.1　基本操作

想要用最快的方式创建一个图，可以参考下面的代码：

```
# ! /usr/bin/python
# -*- coding: utf-8 -*-

from __future__ import print_function
import networkx as nx
import matplotlib.pyplot as plt

G = nx.Graph()
for e in [(1, 2), (1, 3), (1, 4), (2, 3), (3, 4), (5, 4), (7, 4)]:
    G.add_edge(*e)
```

⊖　https://zh.wikipedia.org/wiki/ 柯尼斯堡七桥问题。

```
nx.draw(G)
plt.show()
```

上面的代码一开始就导入了 networkx 模块，并且设定其别名为 nx，以方便后续的使用，nx 模块中的 Graph() 会创建一个空白的图。图是由节点和边组成的，实际上我们只要添加边就能自动添加节点，因为要描述一条边必须要提供边连接的两个节点。然后在接下来的代码中添加了 7 条边，每条边都是由两个节点的编号组成，这里使用的是 add_edge() 方法添加到图中。最后使用 pyplot 将图可视化出来就会得到图 11-1 所示的结果。

想要查看刚刚创建的图的一些属性，可以使用下列方法：

```
print(G.number_of_nodes())
print(G.number_of_edges())
print(G.nodes())
print(G.edges())
print(G.neighbors(1))
```

其中 number_of_node() 方法可以统计该图中所包含节点的数量，类似的 number_of_edges() 方法则可以统计该图中所包含的边的数量，nodes() 方法会返回所有的节点，edges() 会返回所有的边。最有趣的是，neighbors() 方法会返回与某一个节点之间有边连接的所有其他节点，比如这里要返回与 1 有边连接的节点，可以预见，结果将会是 [2, 3, 4]，现在就来看一下上面函数运行的结果：

```
6
7
[1, 2, 3, 4, 5, 7]
[(1, 2), (1, 3), (1, 4), (2, 3), (3, 4), (5, 4), (7, 4)]
[2, 3, 4]
```

获取邻居在图分析中是非常常用的功能，比如在社交网络分析中，要想获取某一个人的所有粉丝，或者返回来查询一个人所关注的人，等等。

如果想从一个图中移除某个节点或某条边，那么可以使用下面的方法：

```
G.remove_node(7)
print(G.edges())
G.remove_edge(1, 3)
print(G.edges())
```

需要注意的是，当移除某一个节点时，连接到这一节点的所有边同时也会被移除，而移除边并不会影响节点，上面的函数运行之后的结果为：

```
[(1, 2), (1, 3), (1, 4), (2, 3), (3, 4), (5, 4)]
[(1, 2), (1, 4), (2, 3), (3, 4), (5, 4)]
```

有一点需要注意的是，虽然我们一直是使用数字编号作为图的节点，字符串也可以作为节点，但实际上，只要是散列值都可以作为图的节点，这提供了很多便利，接下来将要为图中的元素添加额外的属性。

11.2.2 为图中的元素添加属性

图中的各种元素，简单来说包括图本身、节点及边。因为图中的每一个元素都是一个类似 Python 字典的结构，所以可以使用熟悉的下标方式为图中的元素添加属性，比如：

```
G.graph['day'] = 'Monday'
print(G.graph)
G.node[1]['name'] = 'jilu'
print(G.nodes(data=True))
```

上面的代码是为图的 graph 属性中增加 day 这个属性，并将 Monday 赋值给 day 属性，而且还给节点 1 增加了名为 name 的属性，上面函数的输出结果为：

```
{'day': 'Monday'}
[(1, {'name': 'jilu'}), (2, {}), (3, {}), (4, {}), (5, {}), (7, {})]
```

当然除了在创建完图之后再修改属性这一方法之外，还可以在创建时就为图中的元素赋予某些属性，比如：

```
G.add_edge(7, 8, weight=4.7)
G.add_edges_from([(3, 8), (4, 5)], color='red')
G.add_edges_from([(9, 1, {'color': 'blue'}), (8, 3, {'weight': 8})])
G[1][2]['weight'] = 4.0
G.edge[1][2]['weight'] = 4
print(G.edges(data=True))
```

其中，在 add_edge() 方法中的第一个和第二个位置参数之后可以增加任意的关键字参数，这些参数会自动作为边的属性被绑定到边上，比如上面的第一行函数，则是建立一条连接节点 7 到节点 8 的边，并且这条边包含一个 weight 的属性，其值为 4.7。第二行使用了 add_edges_from() 函数，这个函数可以从列表中批量地添加边，并且关键字参数同样也可以批量地为这些边添加属性，比如这里的 color 属性，边 (3, 8) 和 (4, 5) 均包含 color 为 red 的属性。想要为每一个新添加的边都赋予特殊的属性，则可以像上面程序中的第三行一样，在每一个边的元组中增加一个属性字典。最后与节点一样，也可以使用下标对其属性进行修改。要想从图中获取一条边则需要两个下标，上面程序中第 4 行和第 5 行的操作结果是完全相同的。下面让我们看一下最终的结果：

```
[(1, 2, {'weight': 4}), (1, 3, {}), (1, 4, {}), (2, 3, {}), (3, 8, {'color':
'red'}), (3, 4, {}), (4, 5, {'color': 'red'}), (5, 4, {}), (7, 8, {'weight':
4.7}), (7, 4, {}), (8, 3, {'weight': 8}), (9, 1, {'color': 'blue'})]
```

可以看到设置过边属性的边都获得了其应有的属性值，值得注意的是，weight 这个属性并不是随便起的名字，在权重图中这些属性会作为某些图算的参数，所以请一定确保 weight 的值是数值类型的值。

11.2.3　有向图及节点的度数

如前文所说，之前研究的图一直是无向图，即连接两个节点的边并没有方向，与之对应的是有向图，有的节点称为父节点而有的节点则称为子节点，我们可以使用 DiGraph() 创建有向图，比如：

```
DG = nx.DiGraph()
DG.add_weighted_edges_from([(1, 2, 0.5), (3, 1, 0.75)])
```

那么有向图和无向图的区别是什么呢？这就需要提及节点的度了，所谓节点的度是代表有多少个边连接该节点，比如下面的函数：

```
print(DG.degree(1))
print(DG.out_degree(1))
print(DG.in_degree(1))
```

其运行的结果为：

```
2
1
1
```

当我们对节点 1 使用 degree() 函数时，其结果为 2，确实，这个简单的 DG 图连接节点有两条边与之相连，但是当对节点 1 使用 out_degree() 函数和 in_degree() 函数时，结果就变成 1 了，因为在有向图中边是有方向的，所以当统计某个节点的"出度"时，即为统计与该节点连接的边中，该节点作为父节点的边的数量。而"入度"则正好相反，是与该节点连接的变种节点作为子节点的边的数量。有向图是一个很重要的概念，比如在微博的社交关系中，某个大 V 会被很多人关注，而他自己则只会关注其感兴趣的用户，如果将微博中所有的关注关系描绘成一张有向图，那么大 V 的入度会远远大于出度。

11.2.4　构建图及图的操作

11.2.3 节是通过 add_edges() 的函数来手工创建图的，这未免太过烦琐了，除了这种方法之外，还有其他的方法创建图。其中最常见的就是通过文件来创建了，NetworkX 支持很多种图的文本格式，包括边列表、邻接列表、GML、GraphML、pickle、LEDA 等，这里的格式有些是很直观的，比如边列表或邻接列表，有一些是其他标准所规定的图的格式，读者现在不用关心这些格式都是怎么构成的，就简单地将它们认作是某种表示图的方法就好了，就像关于图片格式，我们并不需要关心 gpej、jpg、png 之间有什么区别一样。下面仅以边节点为例讲解如何保存和读取图的边列表，更多格式的保存和读取请参考 NetworkX 的文档⊖：

```
import networkx as nx
G = nx.Graph()
for e in [(1, 2), (1, 3), (1, 4), (2, 3), (3, 4), (5, 4), (7, 4)]:
    G.add_edge(*e)
nx.write_edgelist(G, "/Users/jilu/Downloads/graph_edges")
G1 = nx.read_edgelist("/Users/jilu/Downloads/graph_edges")
print(G1.edges())
```

上面的程序会构建一个无向图 G，并且使用 write_edgelist() 方法将其保存到 graph_edges 文件中，之后又使用 read_edgelist() 方法将该图从文件中读取进来，当我们打开文件 graph_edges 时，可以看到其格式类似如下形式：

```
1 2 {}
1 3 {}
1 4 {}
2 3 {}
3 4 {}
5 4 {}
7 4 {}
```

其中第一列和第二列很明显代表的是图中的边，而第三列则是边的属性字典，由于这一次在创建图时并没有给边附加属性，所以所有的边属性字典均为空。

针对图的结构还可以进行一些划分和合并的操作，参考下面的代码：

```
print(G)
SG1 = nx.subgraph(G, [1, 2, 3])
SG2 = nx.subgraph(G, [4, 5, 7])
print(SG1.edges())
print(SG2.edges())
print(nx.union(SG1, SG2).edges())
```

这里使用了 subgraph() 方法，其中第一个参数是原来的图，第二个参数是节点的列表，该函数会将包含节点列表中的节点及连接这些节点的边单独划分出来，它们称为一个子图，在上面的程序中创建了两个子图，然后使用 union() 函数将两个子图合并成了一个新的图。上面程序运行的结果如下：

```
[(u'1', u'3'), (u'1', u'2'), (u'1', u'4'), (u'3', u'2'), (u'3', u'4'), (u'5',
u'4'), (u'4', u'7')]
```

⊖ http://networkx.readthedocs.io/en/networkx-1.11/reference/readwrite.html

```
[(1, 2), (1, 3), (2, 3)]
[(4, 5), (4, 7)]
[(1, 2), (1, 3), (2, 3), (4, 5), (4, 7)]
```

可以看到结果与我们所预料的一样。除了上述两个基本的与图操作相关的函数之外，还有更多的其他的操作图数据的函数，比如可以求补图的 complement() 函数，可以将有向图转化成无向图的 convert_to_undirected() 函数等，更多的操作可以查看 NetworkX 的文档⊖，在本节中学习这些操作就已经足够了。

11.3 使用 NetworkX 进行图分析

本节将会使用几个具体的例子来探索图分析究竟能做些什么，我们会先对图数据进行基础的统计，然后使用对应的算法进行分析。

11.3.1 利用联通子图发现社区

下面的第一个例子将会使用一个"哈特福德的药物研究数据"，数据很简单，是图的边列表形式，每个节点均使用编号表示，代码如下：

```
  # source target
1 2
1 10
2 1
2 10
3 7
4 7
4 209
5 132
6 150
7 3
7 4
7 9
8 106
8 115
9 1
```

如 # 号注释之后的列名所示，第一列是图的源节点，第二列是目标节点，所以这是一份有向图的数据（这里先不用关心这份数据实际的研究意义）。现在让我们从文件中读取这个图，并且统计其的基础属性，代码如下：

```
# ! /usr/bin/python
```

⊖ http://networkx.readthedocs.io/en/networkx-1.11/reference/index.html

```
# -*- coding: utf-8 -*-

from __future__ import print_function
from networkx import read_edgelist

G = read_edgelist('/Users/jilu/Downloads/hartford_drug.edgelist')
print(G.number_of_nodes())
print(G.number_of_edges())

import matplotlib.pyplot as plt
nx.draw(G)
plt.show()
```

其输出的结果为：

```
212
284
```

所以这份图一共包含 212 个节点及 284 条边，这个图并不是很大，代码段的最后三行代码会在屏幕中绘制出这个图，现在就让我们来看看它的样子，如图 11-2 所示。

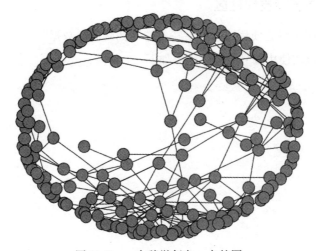

图 11-2　一个稍微复杂一点的图

从图 11-2 中可以看到有些节点是互相连接的，而另外的一些则没有。如果这是一个社区中的人，两个人中间有边就代表他们是好友关系，那么我们如何发现这些人自发组成的不同的小组呢？这里就会用到联通子图算法，该算法会将图中数个完全没有边的节点集团分开，形成数个子图。这样就能够发现这些自发形成的社区[⊖]，代码如下：

⊖　在标准的联通子图的算法中，不同的子图是完全没有边相连的，但是有些情况并不是这样的，根据经典的"六度分离理论"在实际的社会中人与人总是会有连接，并且一般不会超过 6 名好友。为了解决这个问题有的算法会指定如果两个子图的连接数少于某个值则切断这些连接（割边 / 割点）。

```
from networkx.algorithms import number_connected_components, connected_components
print(number_connected_components(G))
for subG in connected_components(G):
    print(subG)
```

在上面的代码中 number_connected_components 方法会计算原来的图可以切分为几个联通子图，在本例中这个值是 9，读者不妨自己运行一下。上面的代码实际的运行结果如下：

```
9
set([u'217', u'39', u'223'])
set([u'214', u'215', u'213', u'210', u'211', ..., u'70', u'96', u'78', u'270'])
set([u'139', u'142'])
set([u'120', u'88', u'12'])
set([u'186', u'127'])
set([u'164', u'59'])
set([u'194', u'204'])
set([u'181', u'178'])
set([u'151', u'145', u'238'])
```

上面的结果是九组联通子图的节点编号，事实上，还可以获得这些联通子图的图结构，示例代码如下：

```
from networkx.algorithms import connected_component_subgraphs

for i, subG in enumerate(connected_component_subgraphs(G)):
    print('G%s' % i, subG.number_of_nodes(), subG.number_of_edges())
```

其结果为：

```
G0 3 2
G1 193 273
G2 2 1
G3 3 2
G4 2 1
G5 2 1
G6 2 1
G7 2 1
G8 3 2
```

我们查看了所有子图的边和节点的个数，发现在 G1 这个子图中包含了绝大多数 G 中的点和边。

11.3.2　通过三角计算强化社区发现

通过上面的例子我们发现了几个不同的子图，而且发现的是拥有数据最多的那一个，但是如何衡量这个子图中人们联系的紧密度呢？在这个小的圈子中人们可以顺次手拉着手围成一个圈，这样可以算作是一个联通子图，但是这样一来，人与人之间的关系是很弱的。当然也可以每个人两两之间都是好友，这样就是很强关系的圈子了，如何衡量这个圈子的紧密程度将是本节讨论的重点。这里要引入两个新的概念，三角计数（triangles counts）和集束系数（clustering coefficient）。

- □ **三角计数**：一个图中有 3 个节点互相之间有边的情况的个数，这个图中的三角越多，就说明图中节点连接得越紧密。

- □ **集束系数**：某一个图中的点组成的三角数量与这个节点的度（degree）的比值，这个系数越大，则说明这个节点与图中其他节点的连接就越紧密。

在实际的统计中，往往会使用另外两个值来辅助衡量，即图的 transitivity 和平均集束系数，先让我们看完代码再解释原因：

```
from networkx.algorithms import triangles, transitivity, average_clustering

print(triangles(G))
print(transitivity(G))
print(average_clustering(G))
```

上面程序的输出结果为：

```
{u'217': 0, u'214': 0, u'215': 1, u'224': 0, u'213': 0, u'210': 3, u'211': 0,
u'218': 1, u'133': 0, u'132': 0, u'137': 0, u'135': 0, u'134': 0, u'139': 0,
u'138': 1, u'24': 1, u'27': 0,... u'201': 0, u'200': 0, u'203': 0, u'202': 0,
u'142': 0, u'204': 0, u'140': 0, u'206': 0, u'209': 0, u'208': 1, u'148': 4,
u'149': 1, u'77': 1, u'76': 1, u'75': 1, u'74': 1, u'72': 0, u'71': 0, u'70':
1, u'96': 0, u'78': 1, u'2': 2, u'270': 0}

0.11811023622
0.12524435732
```

可以看到图的 triangles 是针对每个节点来计算三角数量的，但是这样统计的结果很不直观，而 transitivity 及 average_clustering 则是把结果汇总起来使用一个小数来表示图中节点联系的紧密程度，这两个数值都是值越大，节点联系就越紧密。

11.3.3　利用 PageRank 发现影响力中心

PageRank 是 Google 最早赖以成名的重要算法，它提供了网页搜索排名的依据。如果某一个网站链接的其他网数量更多，并且质量更好，那么就应当把这个网站的搜索排名提前。PageRank 算法不仅考虑了链接某个网站的数量，而且同时也考虑了这些链接的质量（连接该网站的这些网站本身排名如何），所以在当时该算法成为 Google 的主要竞争力。本节将会使用该算法找出社交网络中链接能力最强的人，示例代码如下：

```
from collections import Counter
```

```
from networkx.algorithms import pagerank

pr = pagerank(G)
for p in Counter(pr).most_common():
    print(p)
```

上面程序运行的结果为：

```
(u'50', 0.019533914669049246)
(u'30', 0.014834130799026785)
(u'64', 0.014057681341854969)
(u'38', 0.012932935872697173)
(u'65', 0.012125389485566249)
(u'86', 0.010651423094615524)
(u'55', 0.009913484030903835)
(u'113', 0.009710898625782968)
(u'96', 0.009264814416792697)
(u'75', 0.009194145177209935)
(u'4', 0.009150049946119738)
(u'58', 0.008732748126487125)
(u'171', 0.008150784698187865)
(u'22', 0.008073699512742259)
...
(u'105', 0.0019113717920261777)
(u'40', 0.0018500614318864845)
(u'185', 0.0018144884008625716)
(u'47', 0.0018144884008625716)
```

结果很长，这里去掉了开头的一部分及末尾的一部分，并且开头的部分稍微多一些，第一列的值是用户的编号，第二列是 PageRank 的值，该值越大，说明该用户链接其他用户的能力越强，这样很容易就能找到社区中的影响力中心了。

第 12 章

大数据工具入门

本章将会尝试处理一些真正的 "大" 数据，使用工业界常用的工具处理一些比较大的数据集（约 1GB，这是一个比较合适的学习大数据工具的数据集大小，既可单机处理又能体验大数据带来的麻烦），可以让读者大致了解一下数据科学家们的日常工作内容。本章将会分两个部分来介绍 Hadoop 和 Spark 这两个最流行的大数据处理框架。Hadoop 是最为知名的大数据批处理框架，并且生态系统中提供了分布式文件存储 HDFS 及分布式系统任务调度框架 Yarn，以及最重要的 MapReduce 计算模型的实现，还提供了很多基于 SQL 的工具，可以以非编程的方式实现数据清洗及数据仓库的管理，现代大数据处理中 Hadoop 已经被列为基础设施之一。Spark 是近些年来新兴的内存型大数据处理工具，其最大的改进是分布式内存文件系统 RDD，它会将全部数据加载到内存中再进行计算，这极大地提高了处理速度，而且还将 Hadoop 的 MapReduce 模型改进为 DAG（有向无环图）模型，尤其适合迭代型的机器学习任务，在 Spark 标准库中甚至还集成了 Mllib 及 ML 这两个模块来进行机器学习的计算。除此之外，Spark 还支持流式处理，可以在线实时地处理数据。

本章将要介绍的两个框架目前还无法在 Windows 上运行，所以读者需要一台 Mac 或 Linux 的电脑，当然还有另外一种方式那就是使用云计算，具体的方法会在下文介绍。

12.1 Hadoop

Hadoop 最初是参考谷歌公司公开的 MapReduce 及 GFS（谷歌分布式文件系统）论文而设计的，可以将一个计算任务分为数个可以并行计算的子任务，横跨数个计算节点（多台服务器），可对非常巨大的数据集进行计算，可以处理 PB [⊖] 级别的数据。Hadoop 通过框架的形式将底层的数据进行分布式存储，然后分布式计算这些复杂的内容，将其抽象成数个 API，并提供了容错机制，使得复杂的分布式计算任务可以以非常简单的方式进行编写。由于其具有大数据处理的能力，Hadoop 在几年之内将会迅速普及在各个公司中。Hadoop 的图标，如图 12-1 所示。

读者肯定已经见过 Hadoop 标志性的小象了（如图 12-1 所示），现在 Hadoop 是 Apache [⊜] 的顶级项目。除了原始版的 Hadoop 之外，还有一些公司定制的版本，这些版本往往增加了一些特殊的

图 12-1　Hadoop

功能，通常这样的版本称为发行版。Hadoop 由于有超过 10 年的历史，已经有众多的发行版了，不过通常来说我们会优先考虑免费的版本。目前主流的免费 Hadoop 发行版有两个，第一个是由 Cloudera 发行的版本（简称 CDH），另外一个是由 Hortonwords 发行的版本（简称 HDP）。如果读者需要一些 Apache 版本 Hadoop 中未提供的功能，不妨去看一下这两个发行版。

12.1.1　Hadoop 的计算原理

提到 Hadoop 的计算原理，就不得不提 MapReduce。就像前文所述的那样，Hadoop 最早是在谷歌发表的论文中提到的。简单总结 MapReduce 的内涵就是 "任务的分解与结果的汇总"，其中 MapReduce 是由 Map 和 Reduce 两个单词组成的。Map 代表任务的分解，即将一个巨大的任务分解为多个互不相关的平行的小任务。Reduce 代表汇总，代表将 Map 生成的多个任务产生的结果汇总成最终的结果。为什么要分为两个阶段呢？因为当一个任务被分为子任务执行时，多个子任务之间的关系会有两种情况：一是，任务之间完全没有关系，可以并行执行，比如将文本中的每一行英文以空格隔开；二是，任务之间有依赖关系，后面的步骤必须依赖前面步骤的结果，比如统计将前一步骤中每一个单词出现的次数全部加起来，以求得整个文件的词频。整个计算过程，如图 12-2 所示。

在图 12-2 中，第一个部分是 Map 操作，用于处理能够完全并行的计算。最后一个部分是 Reduce 操作，用于将 Map 的结果合并成一个结果。除了这两个基本的步骤之外，Hadoop 框架为了效率还会在两个步骤之间加入 Shuffle 的步骤，这个步骤的主要目的是重新分布 Map 的结果，以让 Reduce 的输入更加平均，从而减少数据的倾斜，提高 Reduce 的效率。

⊖　1PB=1024TB，1TB=1024GB

⊜　一个开源软件组织，http://apache.org/。

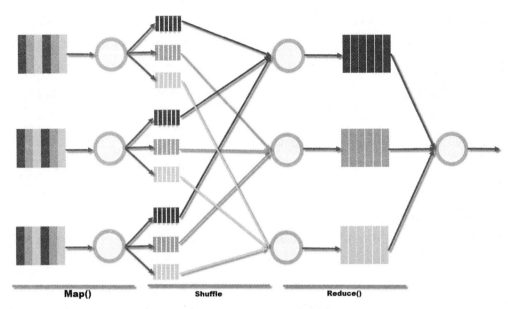

图 12-2　MapReduce 流程图

Hadoop 的另外一个重要组成部分就是 HDFS（分布式文件系统），由于 Hadoop 所具有的特性，使其可能会在成千上万台不同的 PC 服务器上存储数据，虽然服务区的故障率不高，但是由于数量众多，还是容易发生一些我们不愿意看到的故障。HDFS 可以自动地帮我们处理这些故障，数据分片冗余地存储在不同的机器上，并且拥有两份备份，当某一台服务器出现故障时，集群会自动调整数据的分布。而且 HDFS 还可以对外提供一致的命名空间，即使数据分散在数量众多的服务器上，我们也仍然可以像操作本地文件一样读取想要的文件，这在存取数量巨大的文件时非常方便。而且 HDFS 还被设计成了尽可能"移动计算而不是移动数据"，如果要对某些数据进行处理，那么会将计算任务尽可能地分配到真正存储这些数据的服务器上。因为通过网络传输巨量数据的代价非常高，所以需要通过这样的方式来提高计算的效率。而且 HDFS 还提供了一个简单的数据一致性模型，HDFS 被设计成针对"一次写入多次读取"而进行的优化，这样的文件系统更加适合批处理。HDFS 主要由两个部分组成"名字节点（NameNode）"和"数据节点（DataNodes）"，其示意图，如图 12-3 所示。

图 12-3 中体现了 HDFS 中的几个部分：NameNode 是文件系统的管理者，主要负责提供统一的命名空间，以及管理元数据（包括命名、分片、冗余等）；DataNode 主要用于存储数据，其将数据以块的形式存储在本地的文件系统中，并且周期性地将本地存储数据的情况发送给 NameNode。Client 就是需要使用数据的 Hadoop 任务 / 程序。HDFS 的工作流程大致可以分为以下 3 步。

1）Client 向 NameNode 发起读写的请求。

2）NameNode 根据 Client 发来的请求和 DataNode 的信息返回给 Client 数据的存储路径。

3）Client 将数据划分成多个 black，然后将数据按照 NameNode 提供的路径获取 / 发送到对应的 DataNode。

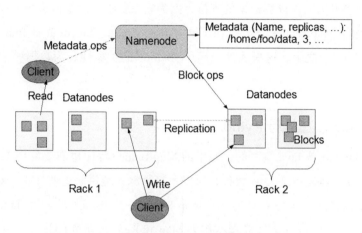

图 12-3　HDFS 架构

从 Hadoop 2.X 开始，Hadoop 已经使用 Yarn 框架代替了原始的 MapReduce 框架（如图 12-4 所示）。Yarn 改变的并不是计算的流程，而是整个集群资源管理的方式，使得整个 Hadoop 集群的资源利用率有了一定的提高。因此推荐使用拥有 Yarn 框架的新版 Hadoop。

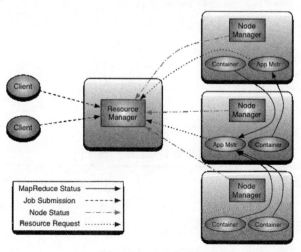

图 12-4　Yarn 架构

整个 Yarn 的设计思路类似于 HDFS，由 ResourceManager 统一管理集群中的所有计算资源，ApplicationsManager 负责处理 Client 提交过来的任务。在每一个计算节点上还有一个 NodeManager 负责将这个节点的计算资源划分成多个容器，并向 ResourceManager 报告节点的情况。这样的结构有助于任务的容错，当某个节点由于硬件问题而导致任务失败时，其对应的任务会被分配到其他节点重新运行，这极大地缓解了在运行长时间任务时由于单点故障所导致的前功尽弃的情况，使得 Hadoop 更加的可靠和高效。另外 Yarn 能够带来的一个额外的好处就是其对其他计算框架的支持，因为它只负责分配集群资源，而不再设计具体的计算框架，除了 MapReduce 之外，像下文要写的 Spark、Storm 或是 Impala 等计算框架也都能运行在 Hadoop 之上，这极大地提高了 Hadoop 的扩展性，为数据科学工作者提供了更多的可能。

12.1.2 在 Hadoop 上运行 Python 程序

众所周知 Hadoop 是 Java 编写的，原生的 MapReduce 程序也需要使用 Java 编写。但本书既不是 Hadoop 教程也不是 Java 教程，所以不打算深入地讲解这些知识。难道 Hadoop 除了 Java 就不能用了么？并不是这样的。Hadoop 提供了一个编程工具名为 Hadoop Streaming，它允许用户使用任何可执行文件或脚本作为 Map 和 Reduce 步骤的程序。一个使用 Python 编写的简单的 world-count 程序（词频统计）可以分为如下两个文件，见代码清单 12-1 和代码清单 12-2。

代码清单 12-1：mapper.py

```python
#!/usr/bin/env python

import sys

for line in sys.stdin:
    line = line.strip()
    words = line.split()
    for word in words:
        print('%s\t%s' % (word, 1))
```

代码清单 12-2：reducer.py

```python
#!/usr/bin/env python

import sys
from collections import Counter

word_count = Counter()
```

```
for line in sys.stdin:
    line = line.strip()

    word, count = line.split('\t', 1)

    word_count[word] += int(count)

for item in word_count.items():
    print('{}\t{}'.format(*item))
```

Hadoop Streaming 的基本思路就是通过标准输入和标准输出传递数据，由 Hadoop 计算框架来调用我们自定义的 Map 和 Reduce 程序运算。为了测试程序的效果，可以在命令行执行如下的语句：

```
$cat test.txt| python mapper.py | python reducer.py
```

如果读者使用的是 Windows 系统，则可以使用下面的命令：

```
$python mapper.py < test.txt | python reducer.py
```

通过上面的命令可以模拟运行，得到的结果将会类似于下面的样子：

```
all      1
project.     1
Hadoop  2
existing     1
not     1
...
```

如果读者已经下载了 Hadoop，则可以使用类似下面的命令在 Hadoop 中运行该任务：

```
hadoop@ubuntu:/usr/local/hadoop$ bin/hadoop jar contrib/streaming/hadoop-
0.20.0-streaming.jar -file /home/hadoop/test.txt -mapper /home/hadoop/mapper.
py -file/home/hadoop/reducer.py -reducer /home/hadoop/reducer.py -input
gutenberg/* -output gutenberg-output
```

不过由于本书并没有介绍如何安装和使用 Hadoop，所以如果读者想要进行真正的操作还需要一些额外的努力。当然除了自己安装部署 Hadoop 之外，还有一个选择，那也是笔者推荐的选择——使用 AWS。

AWS 是亚马逊云计算服务的简称，AWS 提供了丰富的功能，其中就包括一项全托管的 Hadoop 服务，称为 EMR，如图 12-5 所示。

我们可以通过简单的网页控制台单击几下鼠标就能创建一个真正的 Hadoop 集群进行学习，这样做比网络上一些教程中教授的在本地虚拟机中搭建伪集群要方便得多，只需要按照使用的小时数付给亚马逊少量的费用（最低的配置每小时 1-2 元人民币）就可以省去很多的麻烦，这是非常合算的。有想要尝试的读者可以访问 http:// aws.amazon.com 注册账号，并查看其文档（中文）学习如何使用，https://aws.amazon.com/cn/documentation/ elasticmapreduce/。另外值得说明的是，AWS 的 Hadoop 版本预装了 Hive、Pig 及 12.2 节会讲到的 Spark，所以如果想要深入地学习这些框架，首选的方式就是使用 AWS 了。图 12-6 是 EMR 的创建集群页面。

图 12-5　AWS EMR 界面

图 12-6　EMR 创建集群页面

12.2 Spark

12.2.1 为什么需要 Spark

我们已经有了 Hadoop 了，为什么还需要 Spark 呢？答案很简单，因为 Hadoop 不够快。因此，想要更好地认识 Spark 的办法就是与 Hadoop 进行比较，Spark 的快体现在以下三个方面。

❏ DAG，称为有向无环图。有别于 Hadoop 使用的 MapReduce 计算框架，Spark 使用 DGA 引擎。传统的 MapReduce 框架在每一个 Map 或 Reduce 步骤完成之后需要将结果存储到 HDFS 上，然后由下一个步骤再次读取，由于存储系统的速度是相对较慢的，这极大地影响了计算的效率，所以 Spark 改进了这一点，它可以将计算的中间结果直接传送到流水作业的下一步。不仅如此，DAG 还可以分析步骤之间的依赖关系，自动优化计算的步骤，取消没有实际意义的步骤以进一步节约计算时间。

❏ RDD，称为弹性分布式数据集。与 Hadoop 开发的 HDFS 的重要意义一样，Spark 开发的 RDD 也是一个非常重要的进步。RDD 能够将整个集群全部的内存统一利用起来，并且将全部的数据都载入内存中，如果在计算的过程中需要某些数据，那么可以直接从某个节点的内存中读取数据，而不再需要从慢速的硬盘中读取。这一点改进的意义在需要反复迭代的机器学习的应用中尤其重大，高效的分布也使得机器学习成为可能。

❏ REPL，称为交互式命令。我们学习 Python 的一个最重要的原因是因为 Python 有命令行 shell，可以在不编写、编译代码文件时运行某些测试命令或程序。这一特点恰好契合了数据科学的工作特性——CPU、硬盘或网络都不是瓶颈，最大的成本是数据科学从业人员的生产效率。Spark 使用一种 JVM 语言⊖——Scala 作为首要开发语言，这种语言与 Python 一样拥有动态特性，因此使用 Spark 就像使用 Python 一样亲切。而实际上 Spark 是支持 Python 的编程的，不仅可以运行 Python 的 Spark 程序，而且连交互式命令行也有 Python 的版本。下面的 pyspark（Spark 的 Python shell），看起来是不是很亲切呢？

```
[hadoop@ip-172-31-27-16 ~]$ pyspark
Python 2.7.10 (default, Aug 11 2015, 23:39:10)
[GCC 4.8.3 20140911 (Red Hat 4.8.3-9)] on linux2
Type "help", "copyright", "credits" or "license" for more information.
...
Welcome to
```

⊖ JVM 语言是指使用 JAVA 的运行环境，而没有自己的运行环境的语言。

```
      ____              __
     / __/__  ___ _____/ /__
    _\ \/ _ \/ _ `/ __/  '_/
   /__ / .__/\_,_/_/ /_/\_\   version 1.5.2
      /_/

Using Python version 2.7.10 (default, Aug 11 2015 23:39:10)
SparkContext available as sc, HiveContext available as sqlContext.
>>>
```

Spark 可以运行在 Hadoop 的 Yarn 引擎之上，使用 HDFS 作为数据持久化的方案，并且与绝大多数 Hadoop 生态系统中的应用紧密继承。能够读写 Hive、HBase 和 Impala 等 Hadoop 上的分布式数据库的数据。除此之外，Spark 还提供了大量的标准模块，比如 Streaming 可以用来实时处理流式数据、Spark-SQL 是一个分布式的内存型 SQL 引擎、Mllib 可以进行分布式的机器学习任务、GraphX 可以处理分布式图数据。除了支持 Java 及 Scala 编程语言之外，它还支持 Python 和 R 语言，这些特性简直就是专门为数据科学工作者而提供的。

12.2.2　如何学习 Spark

可能有人会问，想要学习 Spark 需要先学习 Hadoop 么？我的回答是：并不需要。Spark 已经被设计成非常容易入门的样子了，只要你会一门编程语言，比如本书所讲的 Python 就可以开始学习了。Spark 的官方文档和教程非常适合于入门，而且大多数操作都有 Scala 和 Python 两个版本，如图 12-7 所示。

图 12-7　Spark 官方网站

Spark 的单机调试也非常方便，在使用 Mac 或 Linux 系统的情况下，在 Spark 的下载页面上下载任意一个 Hadoop 预编译版，然后在类似图 12-8 的界面中我选择的是 spark-1.6.1-bin-hadoop2.6.tgz ⊖。

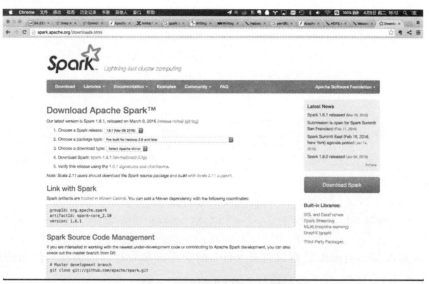

图 12-8　下载 Spark 的页面

在打开的新的下载页面上下载任意一个镜像站点提供的下载链接，下载即可，如图 12-9 所示。

图 12-9　Apache 镜像下载

⊖　在读者拿到本书时可能已经有新的版本了，不用担心大可以选择最新的版本，使用方法不会有区别的。

很快就可以下载完毕，只有 200MB 的大小，然后解压压缩包，并在命令行中进入压缩包的目录：

```
MacBook-Pro:Downloads:$ cd spark-1.6.1-bin-hadoop2.6
MacBook-Pro:spark-1.6.1-bin-hadoop2.6:$ bin/pyspark
Python 2.7.11 (default, Jan 28 2016, 13:11:18)
[GCC 4.2.1 Compatible Apple LLVM 7.0.2 (clang-700.1.81)] on darwin
Type "help", "copyright", "credits" or "license" for more information.
Using Spark's default log4j profile: org/apache/spark/log4j-defaults.properties
...
Welcome to
      ____              __
     / __/__  ___ _____/ /__
    _\ \/ _ \/ _ `/ __/  '_/
   /__ / .__/\_,_/_/ /_/\_\   version 1.6.1
      /_/

Using Python version 2.7.11 (default, Jan 28 2016 13:11:18)
SparkContext available as sc, HiveContext available as sqlContext.
>>>
```

接下来输入 bin/pyspark 就可以打开 Spark 的交互式命令行，因为我们使用的是 Python 版的 Spark 命令行，所以命令提示符与 Python 的一致。

如果读者使用 AWS 则可以启动 Spark 集群，这样我们的程序就不仅仅是单机的测试了，而是真正地在集群中运行。可以按照 AWS 的文档登录到 EMR 集群的 Master 主机上，然后运行：

```
$pyspark --master yarn-client --num-executors 2 --driver-memory 1g --executor-memory 1g
```

这里有几个参数需要说明，其中 num-executor 是计算容器的个数，executor-memory 是计算容器的内存数，请根据你所开的集群总内存酌情选择参数的数值，总数可以超过集群总内存，只是如果容器数量太多，那么并不会真正启动如此多个容器而已，有效的容器数只要内存耗尽就不会再增加了。

无论怎样，我们已经启动了一个 Spark，现在来进行一个简单的操作，读取文本文件：

```
>>>textFile = sc.textFile("README.md")
```

如果你是在 Mac 或 Linux 上进行本操作的，那么 README.md 是已经存在的了，如果是在 AWS 上进行试验的，那么你可以自己创建一个文本文件，并加入一些内容。示例如下：

```
>>>textFile.count()
95
```

我们可以使用 count() 方法查看读取的文件一共有多少行：

```
>>>textFile.first()
u'# Apache Spark'
```

也可以使用 first() 方法读取文件中的第一行：

```
>>>textFile.filter(lambda line: "Spark" in line).count()
17
```

最后一个例子是统计在这个文本文件中包含多少个"Spark"字符。更多的例子请读者参考 https://spark.apache.org/docs/latest/programming-guide.html 进行练习，在这里只是为了展示使用 Spark 有多么简单甚至一点都不比使用 Python 复杂。

除了上文的例子之外还有一点值得强调，那就是 Spark 的编程模型。在 Spark 中所有的命令都被分为两类：转换（Transformations）和操作（Actions）。在上例中 filter() 函数属于转换，count() 属于操作，Spark 在接收到转换命令时并不会真正进行计算，而是采用惰性求值的办法，当接收到操作命令时才一并进行计算。这种方式可以将在数据处理管道中进行到任何步骤的数据存储在内存中以备后用。

12.3　大数据与数据科学的区别

本节想讨论一下大数据与数据科学的区别。不少人会存在一个误解，无论多少数据只要使用 Hadoop 就算是在搞大数据。其实大数据从来也不是一个专业，更不是一个学科，只是一种数据处理的方式，使用特定的工具而已。我们常说"人不是工具的奴隶"，工具是为人的创造力服务的。虽然本书重点讲解了各种各样的 Python 的数据科学相关的工具，但目的并不在于培训出一批又一批的编程工人，只会操作固定流程的工具。

我们应当将重点放在理解各种技术背后的原理上。就像这本书前面偶尔提到的一样，数据科学是一门比较复杂的学科，涉及的知识门类也比较庞杂，甚至还需要一些社会工程、经济学、心理学的知识。为了能够更好地学习、理解和吸收必要的知识，还有几个必要的工具需要掌握：过硬的英语水平、扎实的数学功底、高超的编程技巧，以及洞察力。看到这儿是不是有的读者已经在心里起了疑问："如果这些东西我都没有，那么是不是就做不了数据科学？"当然可以做，因为最重要的就是"去做"。没有人天生就拥有这些，任何人都是通过后天的学习和训练才获得这些基本功的，能做到的人和做不到的人的唯一区别就是是否行动了。没有必要去考虑投资回报率这种问题，因为人的创造力是难以估计的，而且是潜力巨大的，你无法估计自己的价值，更别说投资回报率了。你可以凭兴趣、毅力或其他别的什么东西，将这件事做下去，并且坚持下来，每天坚持 3～5 个小时，不间断 1 个月后自然就会爱上它，并持续受惠于它。做科学的人不求回报，只求自己的工作能产生价值，哪怕仅仅只是帮助自己。

我希望阅读本书的读者能够通过本书扫除一部分入门数据科学的障碍，但是不要忘记工具仅仅是辅助，重要的是使用者的头脑，希望读者能以科学的精神继续探索和学习，不要止步于摆在面前的内容。

编写 Python 2 与 Python 3 兼容的代码

虽然本书并没有详细介绍 Python 3，但是未来从 Python 2 过渡到 Python 3 几乎是必然的趋势，为此 Python 社区已经努力了 8 年之久。Python 3 是为了解决 Python 2 中的一些设计缺陷而诞生的，所以在 Python 3 的设计之初就不得不放弃向下兼容性，通常来说 Python 3 与 Python 2 的代码是不兼容的。正是基于这样的原因，整个 Python 社区花费了大量的时间来升级第三方库，以及鼓励用户使用新的版本。有的第三方库会使用 Python 3 重新编写，至少也要以同时兼容 Python 3 和 Python 2 的方式来编写。本附录将会介绍 Python 3 与 Python 2 的不同之处，以及编写兼容代码的建议。如果读者开发程序是为自己玩乐的话大可不必介意，如果编写的程序有可能会供别人使用的话，则应该阅读本章的内容。当然，如果在阅读某些开源项目时发现代码中包含了大量的为了兼容性而编写的代码却不得要领时，也可以参考本附录的内容。

为了后续内容的学习，读者需要安装如下两个额外的第三方库：

```
pip install future
pip install six
```

A.1　概览

Python 之父 Guido van Rossum 曾经写过一篇文章简要介绍 Python3 增加了什么、改变了什么[⊖]，本节将简要总结一下其中的内容，希望能让读者快速掌握其中的精髓。

[⊖]　https://docs.python.org/3/whatsnew/3.0.html

A.1.1　可能产生麻烦的改变

❑ 打印（print）从关键字改为函数了，不再能使用 print 123 这样的形式了。

❑ 出于对性能的考虑，常见的返回 list 对象的 API 现在均返回 view（一种可迭代对象）或 iterator 了。比 如 dict.keys()、dict.values()、range()、map() 和 filter()。因 此 dict.iterkeys()、dict.itervalues() 和 xrange() 被移除了，而且也不能使用 dict.keys().sort() 了，只能使用 sorted(dict.keys())。

❑ 为了防止意想不到的 Bug，顺序比较符的行为改变了。<、<=、>=、> 不再能比较不可比的操作数了，比如 1<= "1"，在 Python 2 中为 True，在 Python 3 中则会报 TypeError 的错误。因此所有需要利用顺序操作符进行比较的行为也都会报错，比如 sorted([1, "1"])，在 Python 2 中是可以排序的，在 Python 3 中则会导致 TypeError 的错误。

❑ 整数的行为改变了。Python 2 中的 long 类型不存在了，Python 3 中只有一种 int 类型可以表示任意位数的整数。因此在 Python 2 中 long 类型末尾的 L 也取消了。另外值得注意的是在 Python 3 中 2/3 不再表示整除法了，而是正常的除法。想要使用整除法可以使用 2//3 代替。

❑ 二进制数据和 Unicode 的行为改变了。在 Python 3 中分别使用 text 和 (binary)data ⊖ 替换了 Python 2 中的 Unicode 字符串和 8-bit 字符串，并且所有的 text 都是 Unicode 编码了，不再需要 u"1" 来表示 Unicode 了。想要表示 (binary)data 需要在字符前加 b，例如 b"1" 表示使用 ASCII 来编码 "1"。str 类型对应的是 text，而 bytes 类型对应的是 (binary)data。由于在 Python 3 中详细区分了两种字符串，所以也不能直接混合两种类型的字符串了。比如 "1" + b"1" 就是错误的，想要混合两种字符串需要先转换编码，"1".encode() + b"1" 都是 "1" + b"1".decode() 都是正确的。还有另外一些改变在此不能一一详述，感兴趣的读者可以参考：https://docs.python.org/3/whatsnew/3.0.html#text-vs-data-instead-of-unicode-vs-8-bit。

A.1.2　语法上的改变

Python 3 增加了一些新的语法，并且也切实改变了一些语法⊖。实际上语法的改变对

⊖　所谓 (binary)data 和后文的 8-bit 字符串均指 ASCII 字符，详情请参考 https://docs.python.org/3/howto/unicode.html，需要指出的是中文并不能用 ASCII 编码，所以 b" 中文 " 会导致 SyntaxError 的错误

⊖　之所以这么说是因为很多语法实际上在 Python 2.6 就已经存在了，只不过我们可以同时使用新旧两种语法，在 Python 3 之后旧的语法才真正被废弃。

编写 Python 2 和 Python 3 兼容的代码的实际影响是很小的，因为现在我们在本书及一些其他资料上学习的语法已经是 Python 3 的新语法了（如果读者不打算支持 Python 2.6 以下的 Python 版本的话）。

1. 新语法

新增的语法由于在 Python 2.x 上没有对应的功能，所以这一部分是没法编写兼容的代码的。

- 新增函数参数及返回值的声明语法[㊀]。
- 函数参数支持在 *args 之后增加附带默认值的参数了（不必是 **kwargs），并且可以使用单个 * 表示不接受变长参数[㊁]。
- 因为改变了元类的声明方式（见下文），所以现在允许在声明类时在基类后增加关键字参数。
- 增加了 nonlocal 关键字[㊂]。
- 提升了序列解包的能力[㊃]，现在像下面的语句也可以解包：

```
(a, *rest, b) = range(5)
```

如读者所想，rest 将会获得 [1, 2, 3] 这个值。并且字典和几何也可以进行序列解包了，例如：

```
{k: v for k, v in stuff}
{x forx in stuff}
```

- 新增加了二进制字符串表示法，在字符串前加 b 来表示 bytes()。

2. 改变的语法

- 异常的抛出（raise）与捕获（except）语法有变动，except 需要写成：

```
except exc as var
```

而不是：

```
except exc, var
```

而 raise 的语法则改为：

```
raise [expr [from expr]]
```

㊀ https://www.python.org/dev/peps/pep-3107
㊁ https://www.python.org/dev/peps/pep-3102
㊂ https://www.python.org/dev/peps/pep-3104
㊃ https://www.python.org/dev/peps/pep-3132

❏ 改变了元类的语法，原来可以写成：

```
class C:
    __metaclass__ = M
...
```

现在必须写成：

```
class C(metaclass=M):
    ...
```

并且所有的类在声明时都是新类，不需要从 object 继承了。

3. 移除的语法

❏ 不再能进行元组参数的解包了，比如：

```
def foo(a, (b, c)): ...
```

不再支持这样的语法了，需要使用：

```
def foo(a, b_c): b, c = b_c
```

❏ 移除了反引号。

❏ 不再能使用 <> 表示不想等了。

❏ 不再支持长整形，也不能使用 L 后缀了。

❏ 不再支持 u 前缀代表 Unicode 字符，现在所有的字符都是 Unicode 的。

❏ 不再支持函数中使用 from module import *，这个导入语句只能在模块级别上使用。

❏ 现在相对导入只支持 from .[module] import name，不以 . 开头的导入都视为绝对导入。

❏ 移除了经典类。

A.1.3 标准库的改变

由于 Python 有众多的标准库（约 300+），所以这一部分的变化内容比较琐碎，详细的变化可以参考 https://www.python.org/dev/peps/pep-3108/，简单概述如下。

❏ 部分模块由于很少使用而被移除了（比如 gopherlib），或者被整合进其他模块中（比如 md5 被整合进 hashlib）。

❏ 一部分模块由于命名不规范，修改了名字（比如 ConfigParser 改成 configparser、Queue 改成 queue 等）。

❏ 有一部分模块为了性能（比如 pickle 的 C 语言版本 cPickle）被整合到一起，由解释器判断该使用哪个版本。

❏ 一些模块被打包在一起，比如 dbm 集合了旧版本的 anydbm、dbhash、dbm、dumbdbm、

gdbm 和 whichdb 等众多模块。

A.1.4　新的字符串格式化方法

在本书中，我们讲解了类似下面的字符串格式化方法：

```
"My name is {0}".format('Jilu')
```

这其实是新的字符串格式化方法，所以实际上我们只学习过新的方法，而且这是一个在 Python 2.6 以后就已经兼容了的一个语法，所以并不需要特别的注意。

A.1.5　关于异常的改变

❑ 现在自定义的异常必须继承自 BaseException，这是一个在 Python 2.6 就已经存在的异常基类。

❑ StandardError 现在已经被移除了。

❑ 其余的变化在语法改变的一节已经描述过了。

A.2　编写兼容的代码

A.2.1　打印

也许会出乎读者的意料之外，在 Python 从 2 升级到 3 的过程中打印的语法也发生了改变，在 Python 3 中废弃了打印关键字，而是用打印方法来代替，如果读者使用的是 Python 2.7 那么也已经存在这个打印方法了，不过这个打印方法仅仅只是看起来像，但并不完全一样，下面的程序展示了它们之间的区别：

```
# python 2 only
print 'Hello Data'

# python 2 and 3
print('Hello Data')
```

当只打印一个值的时候，在 Python 2 中也可以使用与 Python 3 一样的 print() 函数，但是当打印多个值的时候似乎与我们想要的结果不太一样[⊖]，此时需要使用 __future__ 模块：

```
# Python 2 and 3:
from __future__ import print_function   # 必须在其他 import 之上
```

⊖　如果读者使用的是 2.7.11 则不会报错，更低的版本可能会报错。

```
print('Hello', 'Data')
```

这时的打印结果才与下面的代码相同：

```
# Python 2 only:
print 'Hello', 'Data'
```

有些读者可能会在别人的代码中看到如下的代码：

```
# Python 2 only:
print >> sys.stderr, 'Hello'
```

将打印值打印到标准错误中，那么兼容 Python 2 和 Python 3 的对应方法则如下代码所示：

```
# Python 2 and 3:
from __future__ import print_function
print('Hello', file=sys.stderr)
```

A.2.2 异常处理

本章前面的部分已经介绍过在 Python 3 中异常处理的变化，实际上我们在本书的学习过程中已经在无意之间教授了 Python 2 与 Python 3 兼容的写法：

抛出异常：

```
# python 2 and 3:
def a():
    raise TypeError('a')
```

捕获异常堆栈：

```
# Python 2 and 3:
import traceback
try:
    a()
except TypeError as aa:
    print(traceback.format_exc())
```

异常链：

```
# Python 2 and 3:
from future.utils import raise_from

class DatabaseError(BaseException):
    pass

class FileDatabase:
    def __init__(self, filename):
        try:
```

```
            self.file = open(filename)
        except IOError as exc:
            raise_from(DatabaseError('failed to open'), exc)
```

在上面的例子中，只有异常链这个概念本书没有讲解，实际上这个例子也很好理解：我们捕捉到了 IOError 异常，但是不想在捕捉到异常的地方进行处理（这是很自然的想法，有的时候我们并不知道在捕获异常的地方如何处理这个异常），所以需要将异常逐级往调用的方向传递，并且用自己的异常类进行包裹。raise Exception from exc 是在 Python 3 之后才出现的语法，所以我们使用 future.utils 中的 raise_from 来统一 Python 2 和 Python 3 的使用。下面初始化上面的类：

```
FileDatabase('not_exist_file')
```

其输出为：

```
Traceback (most recent call last):
  File "/Users/jilu/GitHub/hook2/hook2/test/test_jsid.py", line 21, in <module>
    FileDatabase('not_exist_file')
  File "/Users/jilu/GitHub/hook2/hook2/test/test_jsid.py", line 17, in __init__
    raise_from(DatabaseError('failed to open'), exc)
  File "/Library/Python/2.7/site-packages/future/utils/__init__.py", line 455,
in  raise_from
    raise e
__main__.DatabaseError: failed to open
```

A.2.3　除法

Python 2.x 中的除法有些奇怪，3/2 的结果是 1，而不是 1.5，所以通常我们称这个除法为整除法，即总是省略余数的除法。在 Python 3.x 中这个除法已经被修正为普通的除法了，所以为了让我们的代码无论在 Python 2.x 还是 Python 3.x 中都能正常的使用，可以在 Python 文件的一开头导入一个特别的模块：

```
from __future__ import division
```

这样我们就可以使用 Python 3.x 中的除法了，如果要使用整除法可以使用 3//2 的语法来表示。

A.2.4　长整型

在 Python 3.x 中取消了 long 的类型，所有的类型均为 int 类型，这本来没什么，大多数情况下我们不会注意到它们之间的区别，但是问题会发生在我们检查类型的时候：

```
# Python 2
```

```
print(type(11333848475775793938382818812818182))
print(type(111))
```

上述代码的输出为：

```
<type 'long'>
<type 'int'>


# Python 3
print(type(11333848475775793938382818812818182))
print(type(111))
```

上述代码的输出为：

```
<class 'int'>
<class 'int'>
```

我们可以在程序文件中导入下面的模块：

```
from builtins import int
```

这个模块的功能很简单，在 Python 2.x 中这个 int 既是 int 也是 long，在 Python 3.x 中就是 int，所以类型检查可以正常的进行：

```
# Python 2
print(isinstance(11333848475775793938382818812818182, int))  # True

# Python 3
print(isinstance(11333848475775793938382818812818182, int))  # True
```

A.3 小结

虽然我们已经介绍过很多 Python 2 和 Python 3 的异同，尽量将影响比较大的变化向各位读者进行了介绍，但是仍然没有穷尽所有的情况。比如 Unicode 字符串和 bytes 类型的改变，元类使用方法的改变，__str__ 或 __next__ 魔术方法的改变等在本附录中都没有涉及。最主要的原因是它们不会经常被使用，又或者它们的改变我们早已熟知，如果读者想要继续更深入的了解其中的变化可以阅读 future 的官方文档：http://python-future.org/compatible_idioms.html，希望本章对读者编写兼容的 Python 代码有所帮助。

安装完整的 Python 开发环境

本书的第 2 章简要介绍了如何安装 / 打开 Python 交互式命令行，使用 pip 安装 Python 的第三方库，以及 Sublime Text 编辑器的简单使用，但这仅仅只是一个入门级别的开发环境，读者可能会遇到各种各样的问题，尤其是当使用 Windows 平台时。幸运的是，由于搜索引擎强大的能力，你几乎总是能找到别人解决问题的方法，所以如果遇到问题，我们第一个求助的对象就是网络。但是有些问题的答案不是那么明显，或者初期并不会造成太大的麻烦，因此笔者想在本章讨论一下这些问题，以帮助读者有一个良好的开始。

B.1　安装 / 编译第三方包

"Python 是一个解释型的语言，并不需要编译"。这只是一般的说法，实际上在创造 Python 的年代（1989 年），Java 还没有出生，C++ 也还没有成气候，Python 的开发者选择了 C 语言作为 Python 解释器的开发语言。而且保留下了 "为了性能有时候可以使用 C 语言编写 Python 模块" 的传统，比如标准库中的 cPickle 就是 pickle 的 C 语言实现版。这种情况在第三方库中更是常见，比如在本书中使用过的 lxml 或 MySQLdb 就是 C 语言实现的，在安装的过程中需要 C/C++ 编译器。

在 Linux/Unix、Mac、Windows 上都有不同的 C/C++ 编译器，比如 GCC、XCode 和 Visual Studio 这些编译器在各个平台上都是可以免费使用的，所以第一件事就是在不同的平台上安装对应的 C/C++ 编译器。

B.1.1　Linux 平台

在 Linux/Unix 平台上，我们可以通过不同发行版的包管理器来安装这些软件，比如在 Ubuntu 14.01 上可以使用 apt-get 来进行安装，比如：

```
$sudo apt-get install gcc-6.1
```

不过请切记，在使用 apt-get 之前要更新包管理器：

```
$sudo apt-get update
```

如果发现某一些包无法找到，那么就更新一下 apt-get。

但是还有一个更方便的方法，就是通过安装 build-essential 来安装编译器相关的所有软件：

```
$sudo apt-get install build-essential
```

另外，笔者也推荐安装 python-dev 这个软件，因为这里包括了开发过程中需要的一些工具，安装的方法如下：

```
$sudo apt-get install python-dev
```

B.1.2　Mac 平台

在 Mac 平台上，第一件事就是安装 XCode，苹果官方的下载链接为 https://developer.apple.com/xcode/。与 Linux/Unix 类似，也有包管理器——HomeBrew，读者可以在其官方网站 http://brew.sh/ 上找到最新的安装方法。如果没有变化，那么安装 HomeBrew 的命令应该如下所示：

```
$/usr/bin/ruby -e "$(curl -fsSL https://raw.githubusercontent.com/Homebrew/install/master/install)"
```

这个命令很长，读到这里的读者请一定要访问 HomeBrew 的官方网站并复制粘贴这一条命令再执行，以免发生错误。

在安装了 HomeBrew 之后，我们可以像在 Ubuntu 中使用 apt-get 一样安装软件，只不过这里使用 brew 命令代替 apt-get。还有不要忘记 HomeBrew 也需要更新：

```
$brew update
```

若要安装其他的包，可以使用下面的命令进行安装：

```
$brew install python
```

该命令会重新安装 Python 的最新版本，通常来说 Mac 上的 Python 版本可能是 Python

2.7.6，在本书写作的时候 Python 2.x 的版本已经到了 Python 2.7.12，当然我们没有必要进行这个更新，本例只是用来示意如何使用 brew。

B.1.3　Windows 平台

由于 Windows 平台不像 Linux、Mac 平台一样直接包含 Python 编程环境，所以我们需要自行安装 Python 解释器，本书的一开始就已经讲解了如何安装 Windows。除此之外，我们还需要安装 Visual Studio，可以在官网 https://www.visualstudio.com/ 下载免费的社区版。另外 Windows 上没有统一的包管理器，所以绝大多数需要编译的 Python 第三方包都提供了一个 Windows 预编译的版本，读者可以到这个包的网站上下载 .exe 或 .msi 的 Windows 安装包。比如 https://pypi.python.org/pypi/lxml/3.4.0 上就包含了适配各种版本 Windows+Python 组合的 lxml 预编译版，如图 B-1 所示。

File	Type	Py Version	Uploaded on	Size
lxml-3.4.0-cp26-none-win32.whl (md5)	Python Wheel	2.6	2014-10-08	2MB
lxml-3.4.0-cp26-none-win_amd64.whl (md5)	Python Wheel	2.6	2014-10-08	3MB
lxml-3.4.0-cp27-none-win32.whl (md5)	Python Wheel	2.7	2014-10-08	2MB
lxml-3.4.0-cp27-none-win_amd64.whl (md5)	Python Wheel	2.7	2014-10-08	3MB
lxml-3.4.0-cp32-none-win32.whl (md5)	Python Wheel	3.2	2014-10-08	2MB
lxml-3.4.0.tar.gz (md5, pgp)	Source		2014-09-10	3MB
lxml-3.4.0.win-amd64-py2.6.exe (md5)	MS Windows installer	2.6	2014-09-10	3MB
lxml-3.4.0.win-amd64-py2.7.exe (md5)	MS Windows installer	2.7	2014-09-10	3MB
lxml-3.4.0.win-amd64-py3.2.exe (md5)	MS Windows installer	3.2	2016-06-08	3MB
lxml-3.4.0.win-amd64-py3.3.exe (md5)	MS Windows installer	3.3	2016-06-08	3MB
lxml-3.4.0.win-amd64-py3.4.exe (md5)	MS Windows installer	3.4	2016-06-08	3MB
lxml-3.4.0.win32-py2.6.exe (md5)	MS Windows installer	2.6	2014-09-10	3MB
lxml-3.4.0.win32-py2.7.exe (md5)	MS Windows installer	2.7	2014-09-10	3MB
lxml-3.4.0.win32-py3.2.exe (md5)	MS Windows installer	3.2	2014-09-10	3MB
lxml-3.4.0.win32-py3.3.exe (md5)	MS Windows installer	3.3	2016-06-08	3MB
lxml-3.4.0.win32-py3.4.exe (md5)	MS Windows installer	3.4	2016-06-08	3MB

Author: lxml dev team
Home Page: http://lxml.de/
Bug Tracker: https://bugs.launchpad.net/lxml
Download URL: http://pypi.python.org/packages/source/l/lxml/lxml-3.4.0.tar.gz
Categories
　　Development Status :: 5 - Production/Stable
　　Intended Audience :: Developers
　　Intended Audience :: Information Technology

图 B-1　各种 lxml 预编译版

如果你使用 64 位的 Windows 操作系统，安装了 Python 2.7 的版本，那么你需要下载并安装以下安装包：

```
lxml-3.4.0.win-amd64-py2.7.exe (md5)
```

这里需要额外说明的一点是 https://pypi.python.org/pypi/ 这个网站是 Python 官方的仓库，用来分发第三方的模块，所以若想快速找到自己想要的安装包，应当从这里入手。

B.1.4 常见 C 语言第三方包列表

在说完了如何在三大主流平台上安装 / 编译由 C 语言编写的模块之后，下面将列出一个列表供读者参考，笔者也建议预先安装这些模块，而不是使用 Python 本身的包管理器 pip 进行安装，这样会减少大部分的麻烦。

libcurl4-openssl-dev   用于 HPPTS 访问

lib-xml2-dev   用于 lxml 解析 HTML

libxslt1-dev

python-lxml

python-mysqldb   用于访问 MySQL 数据库

libpq-dev   用于访问 PostgreSQL 数据库

B.2 PyCharm

PyCharm 是由 JetBrain 公司专门为 Python 开发的一个 IDE（集成开发环境）软件，我们可以在不离开 PyCharm 的情况下完成所有软件开发的工作，图 B-2 是其打开的样子。

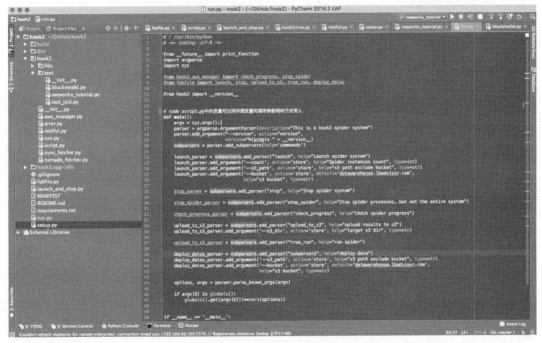

图 B-2　PyCharm 界面图

读者可以登录其官方网站 https://www.jetbrains.com/pycharm/ 下载，如果不需要一些高级功能，社区版是免费的，笔者建议读者先使用免费的版本，如果未来有需要可以付费升级为专业版。安装 PyCharm 非常简单，只要下载对应操作系统的安装包，在图形界面下按照安装引导进行操作即可。可以在上述网页的底部（见图 B-3）下载社区版，并对比社区版和专业版的区别。

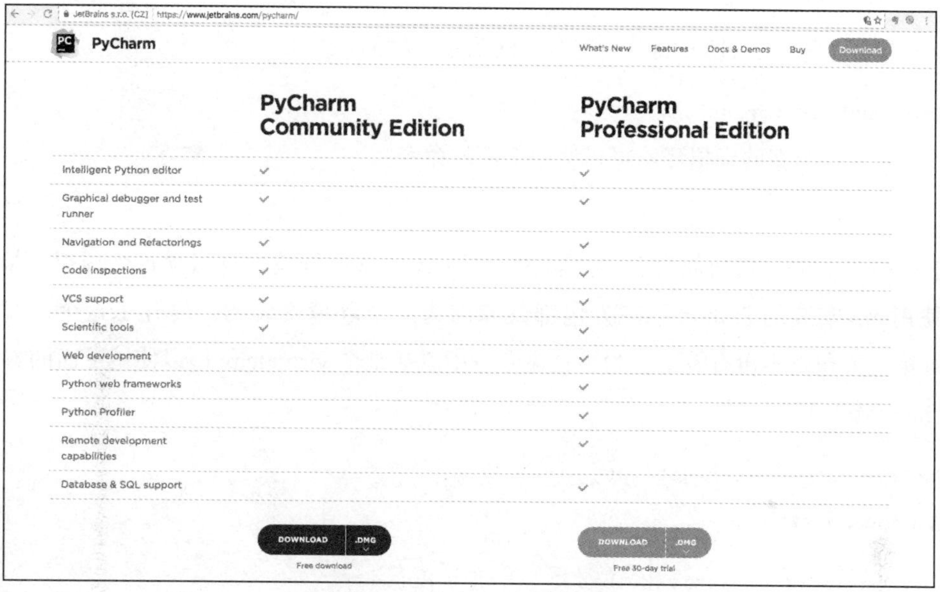

图 B-3　PyCharm 下载网站

网络上关于是否使用 IDE 存在一些争议，并且有人表示"只使用编辑器就好了"。每个人都有自己的道理，比如 IDE 功能复杂，入门、使用有着一定的门槛，这也是笔者没有在本书的一开始就向读者介绍 IDE 的原因，怕把读者拒之门外。但是如果读者已经入门了 Python，并且想要在工作中使用，让工作更有效率，那么笔者推荐大家使用 IDE。IDE 可以方便快速调用模板、在代码间跳转、重构、调试（Debug、测试覆盖率、性能调试、单步调试)，虽然这些功能在不使用 IDE 时也能够实现，但是需要频繁地切换命令行及编辑器，或者自己编写脚本用来快速地调用某些命令。既然已经有人把这些事情做好了，那么我们直接拿来用就行了，这也是编程中"不要重复造轮子"的哲学。

B.3　virtualenv

在实际的开发过程中，我们可能会遇到不同的应用程序依赖不同版本的第三方模块的情况（在 Python 中这种情况极少），而且良好的习惯和组织程序的方法可以让我们与这种情况完全隔绝，这是 virtualenv 的功能——为每一个正在开发的应用创建一个虚拟环境，并且把依赖只安装在这个虚拟环境中，这样不同应用的依赖就可以互不干扰了。virtualenv 有一点像程序容器的感觉。

安装 virtualenv

无论在哪个平台，virtualenv 的安装方法都是一样的：

```
$pip install virtualenv
```

想要创建一个新的虚拟环境可以使用下面的命令：

```
$virtualenv new_env
```

上面的命令中，我们创建了一个名为 new_env 的虚拟环境，在启动这个虚拟环境之后所有使用 pip 安装的 Python 第三方包都是专门为这个环境安装的，离开了这个环境这些 Python 第三方包就不再有效了。为了在命令行中激活某个 virtualenv 可以使用下面的方法：

Linux/Mac 平台：

```
$source new_env/bin/activate
```

Windows 平台⊖：

```
>new_env\Scripts\activate.bat
```

无论在哪个平台上，激活了该命令之后，命令行提示符的前几个字母都会变成虚拟环境的名字，比如：

```
(new_env) MacBook-Pro:Downloads:$
```

或者：

```
(new_env) C:\Users\jilu>
```

括号中的名字代表我们当前的所有操作属于哪个虚拟环境，此时使用 pip 安装的所有 Python 第三方库均只存在于这个虚拟环境中。

想要在 PyCharm 中使用虚拟环境也很简单，首先进入设置选项，Windows（见图 B-4）与 Linux/Mac（见图 B-5）的设置有所区别。

弹出的菜单则基本一致了，如图 B-6 所示。

⊖ 不要忘记在 Windows 平台上，目录使用反斜杠"\"进行分割，而在 Linux/Mac 平台上是使用斜杠"/"进行分割的。

图 B-4　Windows 的设置选项

图 B-5　Mac 的设置选项（Linux 与之相同）

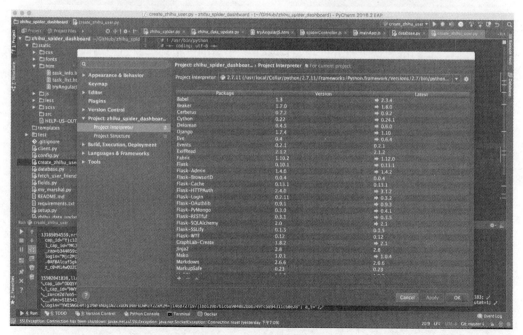

图 B-6　设置选项界面

　　我们可以在"Project: project name"的选项下面找到"Project Interpreter"的设置，当前的设置一般是系统默认的 Python 解释器，点击右上角的齿轮，在下拉菜单中选择"Add local"，然后在打开的选择窗口中找到刚刚创建虚拟环境的目录，找到 Python 解释器的快捷方式或 .exe，如图 B-7 所示。

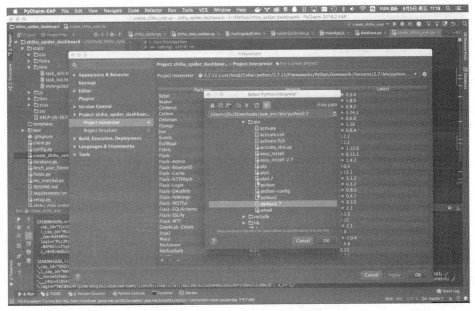

图 B-7　增加新的 Python 解释器

保存之后，我们就为这个打开的项目添加了一个新的虚拟环境，可以看到这个虚拟环境还没有安装额外的 Python 第三方包，这里需要安装项目必需的第三方包才能使用这个虚拟环境，如图 B-8 所示。

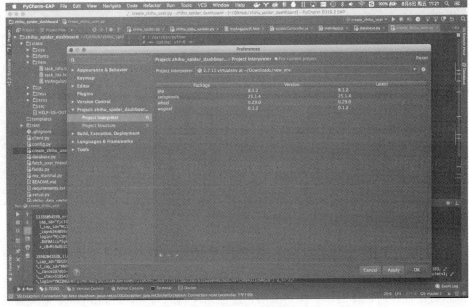

图 B-8　安装项目必需的第三方包

　　这里有一个快速安装第三方包的方法：先找到项目的 requirements.txt 文件然后在命令行激活该虚拟环境的情况下执行：

```
(new_env) MacBook-Pro:zhihu_spider_dashboard:% pip install -r requirements.txt
```

　　pip install 命令中使用 -r 加上一个包含依赖的文件，可以递归地安装所有必要的第三方包，在本例中 requirements.txt 的内容如下。

代码清单：requirements.txt

```
Flask == 0.10.1
lxml == 3.5.0
pytz == 2016.1
requests == 2.9.1
retrying == 1.3.3
six == 1.10.0
torndb == 0.3
```

　　现在，PyCharm 解释器里面安装的模块显示，如图 B-9 所示。

图 B-9　PyCharm 解释器中的模块安装页面

　　这样安装第三方模块是不是非常方便呢！把项目中的依赖整理到 requirements.txt 中是一种非常规范的管理项目的方式，既方便自己的维护，也方便未来其他人的使用。

B.4　小结

关于如何规范化地开发 Python 程序，还有很多需要注意的内容，甚至可以专门写一本书来阐述，本章简单介绍了一些入门的内容，以及必要的工具，以减少读者在学习过程中的困难，希望这些内容对读者能有帮助。

常用的 Python 技巧

在学习完 Python 的一些基础内容之后，在日常的使用和工作中总是有一些问题经常困扰着我们，本章将会总结一些可能经常会遇到的问题，并尝试提供一个直接有效的解决方案，希望读者能够因此节约一些时间。

C.1　时间格式的转换

时间处理可能是除了字符串编码之外，最容易令 Python 初学者陷入困境的部分了，笔者在数次受困于这个问题之后总结了一些常用的方法，希望能对读者有所帮助。

有的时候我们会看到类似 "10/Sep/2015:06:47:35" 或 "2015-9-10T06:47:35" 这样的时间字符串。首先要强调的是上面两种表达方式无论哪一种都是错误的表达方式，因为没有时区的时间字符串是没有意义的。让我们来看一下世界时区分布图，如图 C-1 所示。

从图 C-1 中可以看到整个世界被分为 12 个时区，从 –12~+12，负数代表西时区，而正数代表东时区，以英国的 0 时区为中心。比如中国的时区可以用 +8 来表示，更多的使用 +08:00 或 +0800 来表示，读作"东八区"。有些时候我们用 CST 时间表示中国标准时间[○]，或者在某些操作系统中使用 'Asia/Shanghai' 代表东八区。所以正确的时间字符串应当是 "10/

○　China Standard Time UT+8:00，但这不是唯一的缩写，美国中部时间（Central Standard Time(USA) UT-6:00）、澳大利业中部时间（central Standard Time(Australia) UT+9:30），以及古巴标准时间（Cuba Standard Time UT-4:00）也都缩写为 CST 时间。不过如果在中文语境中 CST 时间通常是指中国标准时，0 时区则是 UTC 时间。

Sep/2015:06:47:35 +0800" 或 "2015-9-10T06:47:35 +0800" 的包含时区的格式，如果不是，那么请确认你得到这份包含时间数据的语境以确保知道其时区，因为毕竟不同时区的同一时间实际上是不同的时间。

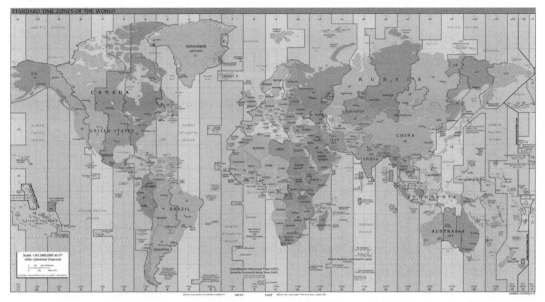

图 C-1　世界时区分布图

既然时间字符串如此麻烦，那么为什么不用一个统一的方式来表达时间呢？确实，时间字符串只是给人看的一种格式化之后的形式，计算机并不需要这种复杂的格式，所以"时间戳"自然而然地就成了计算机计算中的主要格式。时间戳的定义很简单，把 UTC 时间（0时区）的 1970 年 1 月 1 日零点零分零秒当作时间戳的起点 0，以后每增加 1 秒时间戳就增加 1，所以在写作本章时我的时间戳是：

```
MacBook-Pro:Downloads:% python
Python 2.7.11 (default, Jan 28 2016, 13:11:18)
[GCC 4.2.1 Compatible Apple LLVM 7.0.2 (clang-700.1.81)] on darwin
Type "help", "copyright", "credits" or "license" for more information.
>>> import time
>>> time.time()
1471580327.828131
>>>
```

Python 的时间戳默认以秒为单位，有的系统其时间戳是以毫秒为单位的，这时候时间戳的值小数点还会向后移三位，不过这里让我们先以 Python 的为基准。时间戳对于人类而言是不可读的，但是计算机处理起来却很方便，并且没有歧义，这也是为什么本节会讨论"时间字符串转换时间戳"这个话题了，我们要把给人看的时间字符串转换成给机器看的时间戳，后文再讨论如何反向转换。

为了进行以下练习，需要读者安装 pytz 模块，用来处理时区：

```
$pip install pytz
```

先来看一下如何生成标准的 CST 时间字符串：

代码清单：time_tutorial1.py

```
# ! /usr/bin/python
# -*- coding: utf-8 -*-

from __future__ import print_function
from datetime import datetime
import pytz

tz = pytz.timezone('Asia/Shanghai')
dt = datetime.utcnow()
cst_time = tz.fromutc(dt).strftime('%Y-%m-%d %H:%M:%S%z')
print(cst_time)
```

通过 pytz 来进行时区设定，然后使用 Python 标准库的 datetime.utcnow() 方法获取标准时间的 datetime，然后使用 pytz 进行时间格式化，其结果为：

```
2016-08-19 12:36:03 +0800
```

这里有两个要点需要注意，第一是时区的英文名称，比如这里使用的 'Asia/Shanghai'，我们如何才能知道其他地区的时区呢？可以通过 pytz.all_timezones 这个属性获取。另外就是时间格式化函数 strftime() 及其参数 '%Y-%m-%d %H:%M:%S%z' 了，这个函数的意思是将 datetime 类型的时间格式化成其参数所描述的格式，在上面的程序中很明显地，Y 代表年，m 代表月，d 代表日，H 代表小时，M 代表分钟，S 代表秒，z 代表时区，还有另外一种格式稍后再说，感兴趣的读者可以从这个链接⊖里获得全部的字符代表的含义。

读者可以轻易地生成任意格式的时间字符串，只需要改变 strftime() 函数的参数，表 C-1 列出了几种常见的格式及样例。

表 C-1　常见的时间格式及样例

格式	样例
'%Y-%m-%d %H:%M:%S%z'	2016-08-19 12:59:03+0800
'%d/%b/%Y:%H:%M:%S%z'	9/Aug/2016:12:59:03+0800
'%Y-%m-%dT%H:%M:%S %z'	2016-08-19T12:59:03 +0800
'%c %z'	Fri Aug 19 12:59:03 2016 +0800

⊖　https://docs.python.org/2/library/datetime.html#strftime-and-strptime-behavior。

因为 strftime() 函数的灵活性及不同编程语言对其支持程度的不同，再加上不同程序员的习惯不同，真正的字符串时间是千奇百怪的，不过只要掌握了字符串格式的组合方式，真正处理器来也就不难了。

说了这么多，下面让我们真正来试着将时间字符串解析成时间戳，为了运行下面的代码，需要安装 arrow 这个第三方库：

```
$pip install arrow
```

代码清单：time_tutorial2.py

```python
# ! /usr/bin/python
# -*- coding: utf-8 -*-

from __future__ import print_function
from datetime import datetime
import pytz
import time
import arrow

tz = pytz.timezone('Asia/Shanghai')
dt = datetime.utcnow()
print(time.time())
cst_time = tz.fromutc(dt).strftime('%Y-%m-%d %H:%M:%S%z')
print(cst_time, arrow.get(cst_time, 'YYYY-MM-DD HH:mm:ssZ').timestamp)
cst_time = tz.fromutc(dt).strftime('%d/%b/%Y:%H:%M:%S%z')
print(cst_time, arrow.get(cst_time, 'DD/MMM/YYYY:HH:mm:ssZ').timestamp)
cst_time = tz.fromutc(dt).strftime('%Y-%m-%dT%H:%M:%S %z')
print(cst_time, arrow.get(cst_time, 'YYYY-MM-DDTHH:mm:ss Z').timestamp)
cst_time = tz.fromutc(dt).strftime('%c %z')
print(cst_time, arrow.get(cst_time, 'ddd MMM DD HH:mm:ss YYYY Z').timestamp)
```

其输出结果为：

```
1471584240.87
2016-08-19 13:24:00+0800 1471584240
19/Aug/2016:13:24:00+0800 1471584240
2016-08-19T13:24:00 +0800 1471584240
Fri Aug 19 13:24:00 2016 +0800 1471584240
```

有一点稍稍让人感到困扰，arrow 需要的字符串格式化参数与 Python 标准库 datetime 的不同，虽然看起来大同小异，不过还是需要稍微熟悉一下，与前文一样，感兴趣的读者请自行阅读详细的列表参考[⊖]，现在对照表格如表 C-2 所示。

⊖ http://crsmithdev.com/arrow/#tokens

表 C-2　arrow 与 Python 标准库 datetime 的对照表

格式 1	格式 2	样例
'%Y-%m-%d %H:%M:%S%z'	'YYYY-MM-DD HH:mm:ssZ'	2016-08-19 12:59:03+0800
'%d/%b/%Y:%H:%M:%S%z'	'DD/MMM/YYYY:HH:mm:ssZ'	9/Aug/2016:12:59:03+0800
'%Y-%m-%dT%H:%M:%S %z'	YYYY-MM-DDTHH:mm:ss Z'	2016-08-19T12:59:03 +0800
'%c %z'	'ddd MMM DD HH:mm:ss YYYY Z'	Fri Aug 19 12:59:03 2016 +0800

我们已经学习过如何将包含时区的时间字符串转换成时间戳的方法了，反之将时间戳转换成时间字符串也很容易，下面的代码分别使用 Python 标准库和 arrow 两种方法进行举例：

```
# 标准库方案
t = time.time()
cst_time = tz.fromutc(datetime.utcfromtimestamp(t)).strftime('%Y-%m-%d
%H:%M:%S %z')
print(t, cst_time)

# arrow 方案
print(arrow.get(t).to(tz).format('YYYY-MM-DD HH:mm:ss Z'))
```

arrow 的方案确实比较简洁，再一次要注意 arrow 表达格式的形式与 Python 标准库的区别。

C.2　重试的处理

有时候我们的爬虫程序会由于网络问题而失败，失败之后的处理重试是一件很麻烦的事情，有一个第三方模块可以很好地处理好这个问题。为了学习以下的内容，请安装 Python 第三方模块 retrying：

```
$pip install retrying
```

使用这个模块也很简单，我举两个最常用的例子：

```
# 无论出现任何异常最多只重试三次
@retrying.retry(stop_max_attempt_number=3)
def fetch_http(url):
    resp = requests.get(url, timeout=10)
    return resp


def retry_if_timeout_error(exception):
    return isinstance(exception, requests.exceptions.ConnectTimeout)


# 仅捕捉超时异常进行重试
@retrying.retry(retry_on_exception=retry_if_timeout_error, stop_max_attempt_
```

```
    number=3)
def fetch_http(url):
    resp = requests.get(url, timeout=0.0001)
    return resp
```

使用一个装饰器来增强一个函数的功能，这属于 Python 高级编程的部分，不过即使不懂如何编写复杂的装饰器，但是使用起来还是很容易的。第一个例子是无论函数中出现任何异常最多重试三次。第二个例子是仅重试三次超时异常，如果是其他异常还是会正常抛出的。

C.3　文件 I/O 的处理

C.3.1　没有目录则创建它

有时我们将结果写入文件时，会遇到所写的路径不存在的问题，一个简单的解决办法是手动去创建所需要的目录结果，但这不利于大批量的创建文件，笔者有一个方便的函数可以自动创建不存在的路径，代码如下，可供大家参考：

```
import os
import errno

def create_dir(file_path):
    """
    如果目标目录不存在就先创建它
    """
    if not os.path.exists(os.path.dirname(file_path)):
        try:
            os.makedirs(os.path.dirname(file_path))
        except OSError as exc:  # Guard against race condition
            if exc.errno != errno.EEXIST:
                raise
    return file_path
```

使用这个函数也很简单：

```
with open(create_dir('you_are_path'), 'w') as fw:
    fw.write('new line')
```

只需要在 open 函数中套用这个函数，这个函数就会在创建目录之后返回文件名供 open 函数使用。

C.3.2　读取目录中文件的每一行

如果有很多文件需要读取，并且在不同的文件夹中，那么在 Python 中有一个简便的方法可以做到这件事，下面是一个例子：

```
from glob import glob
import fileinput
import os

def line_generator(path):
        for line in fileinput.input(glob(os.path.abspath(os.path.
expanduser(path)))):
            yield line
```

其中 path 参数是文件夹的通配符描述，比如在 Downloads/data 文件中所有子文件夹中的以 .txt 结尾的文件都可以表达成"~/Downloads/data/*/*.txt"，熟悉 Linux 通配符表达式的读者一看就能明白，星号代表任意字符，称为通配符。

C.3.3　格式化 JSON 以便人类阅读

有的时候，我们通过 HTTP 请求得到 JSON 的数据，如果数据中包含中文，并且很长，想要在程序控制台看到格式化好的 JSON，那么可以使用下面的方法打印 JSON：

```
import json

data = {'k': "中国"}
print(json.dumps(data, ensure_ascii=False, indent=4))
```

其输出的结果为：

```
{
    "k": "中国"
}
```

其中，ensure_ascii 参数控制是否需要将非 ASCII 字符转换成 ASCII 字符，因为要打印中文所以不需要转换。indent 顾名思义就是缩进控制。

C.4　小结

关于 Python 的各种技巧还有很多种，本章只描述了几种在数据处理中最常见的快捷方法，《Python Cookbook》一书中记载了很多前人总结的经验，想要精进的读者不妨找来这本书读一读，一定会有所收获。

推荐阅读

推荐阅读

推荐阅读